_____ 드림

초판 1쇄 인쇄 2015년 1월 7일
초판 1쇄 발행 2015년 1월 14일

지은이 정완상
글 안치현
그림 VOID

발행인 장상진
발행처 경향미디어
등록번호 제313-2002-477호
등록일자 2002년 1월 31일

주소 서울시 영등포구 양평동 2가 37-1번지 동아프라임밸리 507-508호
전화 1644-5613 | **팩스** 02) 304-5613

ⓒ 정완상
ISBN 978-89-6518-122-4 63410
        978-89-6518-120-0 (set)

· 값은 표지에 있습니다.
· 파본은 구입하신 서점에서 바꿔드립니다.

경향에듀 는 경향미디어의 자녀교육 전문 브랜드입니다.

4학년 1학기 초등 수학 개정 교과서 전격 반영

몬스터 마법수학

늑대인간 최후의 전투 下

혼합 계산 | 분수 | 소수 | 규칙 찾기

저자 **정완상** 글 **안치현** 그림 **VOID**

경향에듀

머리말

〈몬스터 마법 수학〉으로 초등 수학 완전 정복!

 흔히 기본에 충실하면 된다고들 말하지요. 계산에만 열을 올리고 있다가 처음 문장제(문장으로 기술된 수학 문제)를 접하게 되면 초등학생들은 어떻게 식을 세워야 할지 몰라 난감한 표정을 짓습니다. 그래서 이번 시리즈를 준비해 보았습니다. 초등 수학의 대표적인 문제 유형을 동화로 풀어 쓰자는 것이 이번 기획이었지요. 스토리 작가와 수학 콘텐츠 작가와 삽화 작가 세 사람이 재미있는 책을 만들기 위해 서로의 장점을 모았습니다.

 최근 스마트폰의 열풍으로 아이들이 스마트폰의 게임이나 채팅에 너무 많은 시간을 빼앗겨 수학 공부에 재미를 붙이기가 쉽지 않습니다. 교과서가 과거보다는 많이 나아졌지만 아이들의 흥미를 유발하기에는 아직 부족한 점이 많다는 생각에 이 책을 기획하였습니다. 이 책은 아이들이 마치 게임을 하듯이 술술 읽어 내려가면서 저절로 수학의 개념을 깨우치도록 하는 데 목적을 두었습니다.

4학년 1학기 과정은 3학년 수학의 연장입니다. 4학년 1학기 과정은 큰 수, 곱셈 나눗셈, 각도, 삼각형, 혼합 계산, 분수, 소수, 규칙 찾기 등입니다.

　이 책을 통해 아이들이 동화의 세계와 수학 공부가 따로 존재하는 것이 아니라 공존할 수 있다는 것을 알게 되었으면 합니다. 또한 스토리텔링을 이용한 수학 공부를 통해 아이들이 수학에 점점 흥미를 가지게 되어 오일러나 가우스와 같은 훌륭한 수학자가 탄생하기를 기원해 봅니다. 끝으로 이 책이 나올 수 있도록 함께 고민한 경향미디어의 사장님과 경향미디어 편집부에 감사의 말을 전합니다.

국립 경상대학교 물리학과 교수 정완상

목차

상권

수상한 원주민 부락

1장 | 늑대인간들의 은신처
2장 | 레오니다스 VS 칭기즈 칸
와구와구 수학 랜드 1
수학 추리 극장 1

대전쟁의 시작

3장 | 펼쳐라, 학익진!
4장 | 특공대원 반올림
와구와구 수학 랜드 2
수학 추리 극장 2

하권

칭기즈 칸과의 담판

1장 | 반올림 VS 칭기즈 칸 … 16
2장 | 드래곤 유적지를 찾아라! … 36
와구와구 수학 랜드 1 … 56
수학 추리 극장 1 … 60

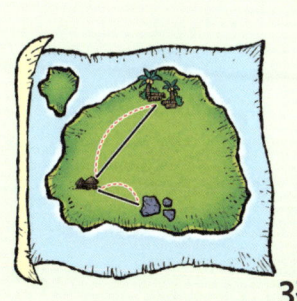

전설의 드래곤

3장 | 유적지의 함정 … 68
4장 | 드래곤의 정체 … 86
와구와구 수학 랜드 2 … 106
수학 추리 극장 2 … 112

등장인물

반올림

초등학교 6학년으로 평소에는 덤벙거리지만 한번 문제에 맞닥뜨리면 엄청난 집중력과 응용력을 발휘한다. 임기응변과 순발력이 좋다. 아름이, 일원이와는 유치원 삼총사다. 어렸을 적부터 천부적인 수학적 재능을 가지고 있었으며 장래희망은 세계적인 수학자이다.
담임 선생님으로부터 방학이 끝나면 국제 수학 올림피아드 대회에 참가할 팀을 선발한다는 소식을 접한다. 단, 세 명 이상으로 구성된 팀이어야 한다는 조건이 있다. 삼총사 중 한 명인 아름이의 삼촌이자 수학 대가인 피타고레 박사님을 찾아가 함께 지내며 방학 동안 수학을 완벽히 마스터하기로 결심한다.

아름

반올림과 같은 반의 반장으로 반올림의 단짝이다. 새침하고 도도하며 공주병 증상이 있다. 속으로 반올림을 좋아하고 있지만 겉으로는 관심 없는 척한다. 수학을 제외한 모든 과목에서는 전교 1등을 놓친 적이 없다. 국제 초등학생 미술 대회와 피아노 콩쿠르에 나가서 우승을 차지할 정도로 예능에도 대단한 실력을 가지고 있다. 자신의 콤플렉스인 수학 성적을 올리기 위해 반올림과 한 팀이 되어 수학 올림피아드 대회에 참가하기로 마음먹는다.

일권

반올림과 같은 반이며 단짝이다. 뚱뚱하고 덩치가 크다. 먹는 것이라면 자다가도 벌떡 일어나고 배가 고프면 항상 반올림을 귀찮게 조른다. 집중력이 부족하고 공부 자체에 대한 열의가 없지만 방학이 시작되자마자 반올림, 아름이와 함께 놀기 위해서 억지로 섬에 따라가게 되었다.

야무진

부유한 모기업 회장님의 아들로 자칭 타칭 얼리어답터이다. 최신형 스마트폰과 최신형 스마트패드를 지니고 최신형 롤러 신발을 신고 있다. 과학에서만큼은 누구에게도 지지 않는다. 다만 수학은 반올림에게 뒤진다는 생각에 반올림에게 라이벌 의식을 가지고 있다. 아름이를 좋아하여 늘 반올림보다 멋져 보이려고 노력한다. 유난히 깔끔한 척을 하며 벌레와 파충류를 무서워하는 약점이 있다.

피타고레 박사

수학계의 거장이다. 덩치도 거대하고 자칭 고대 천재 수학자 피타고라스의 후예라고 지칭한다. 그래서 자신의 별명 또한 피타고레로 지었다. 초등 학생들의 수학 기초력 향상을 위해서 무인도에 연구소를 차려 놓고 운영 중이다. 순수하면서도 괴짜인 수학 박사로, 자신의 수학적 지식을 친구로부터 선물 받은 알셈이라는 로봇의 전자두뇌에 입력했다.

알셈

피타고레 삼촌이 친구에게서 선물받은 로봇으로, 피타고레의 조수 역할을 한다. 박사와 함께 수학을 연구하는 땅딸보 로봇(키 60cm) 알셈은 인간에게 무척 얄밉고 거만하게 구는 면이 있다. 하지만 위기가 닥치면 로봇다운 힘을 발휘하기도 한다.

유령선 · 미카엘

원래는 수학을 지키는 천사 미카엘이었으나 죄를 짓고 벌을 받아 유령선이 되어 지구에 떨어졌다. 벌을 면제받으려면 세 명 이상의 인간에게 완벽하게 수학을 알려 주어야 한다. 반올림 일행에게 마법의 아이템을 주고 퀘스트를 통해 그 아이템들을 강화시켜 주면서 일행을 돕는다.

루시퍼

한때 신으로부터 총애받는 천사였으나 신을 배신하고 반란을 일으켰다가 처참하게 패배하여 지구로 떨어졌다. 자신을 최고의 천사에서 악마로 만든 신을 항상 원망하며 유령선 미카엘이 다시 숫자의 천사로 돌아가려는 것을 악착같이 방해한다.

용용이

반올림과 친구들이 유령선 지하에 있는 몬스터 숙소에서 만나게 되는 새끼 드래곤. 알셈만 한 덩치에 작은 날개와 뿔을 가졌으며 온몸이 하얀 것이 특징이다. 반올림과 친구들이 문제를 해결하는 데 큰 도움을 주지만 언제부터 유령선에 살고 있었는지는 아무도 모른다. 용용이라는 이름은 아름이가 지어 줬다.

숫자벨 여사

몬스터 유령선 안에 있는 마법 학교의 원장이다. 그녀는 유령선의 보조 역할을 하고 있으며 유령선이 태우고 있는 몬스터들과 유령선에 타는 인간들에게 수를 알려 주는 것이 주된 임무이다.

해골 대왕

숫자벨 여사가 데리고 있는 몬스터들의 대장이다. 숫자벨 여사가 수학에 최고의 열정을 보인 몬스터들 중에서 특별히 조수로 뽑았다.

레오니다스

늑대인간 무리의 족장이다. 스파르타의 왕이었던 레오니다스를 존경한 아버지가 지어 준 이름에 만족하며 그 이름만큼 용맹하게 늑대인간 전사들을 이끌며 삶의 터전인 섬을 지키려 한다. 어떠한 전투에서든 선봉장이 되어 무리의 안전을 책임진다.

칭기즈 칸

인류 역사상 가장 넓은 영토를 지배했던 위대한 왕이다. 영토를 확장하던 중 늑대인간들이 사는 섬을 발견하게 되고 침략해 정복하려고 한다.

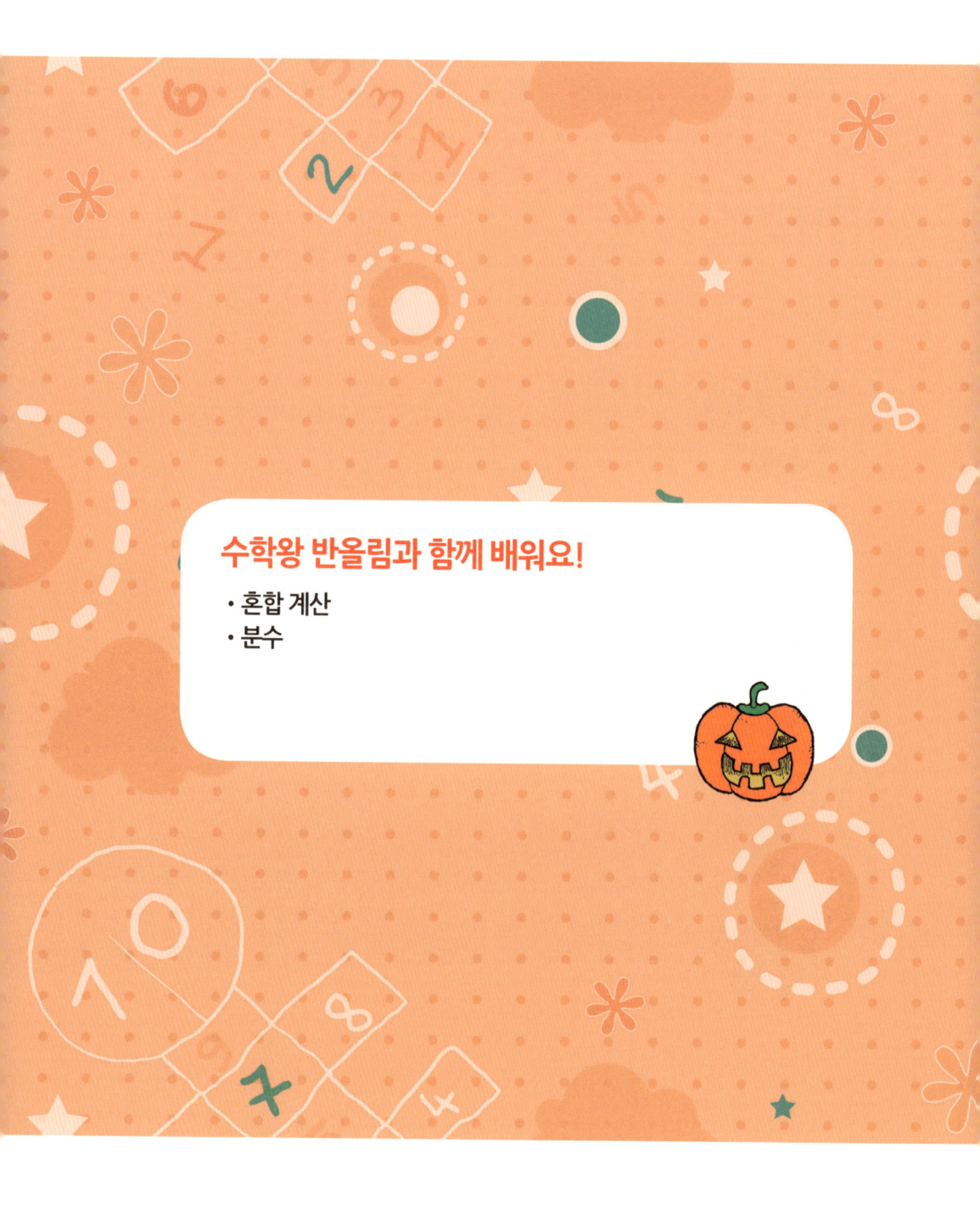

수학왕 반올림과 함께 배워요!
- 혼합 계산
- 분수

정완상 선생님의 **수학 교실**

"조금만 더! 거의 다 왔어요! 힘내요, 레오니다스!"

"적장이 화살에 맞았다! 쫓아라!"

나와 최정예 늑대인간들로 구성된 특공대는 팔에 화살을 맞은 레오니다스를 부축하며 아름이가 지시했던 작전 지역으로 후퇴하는 중이다. 잔뜩 약이 오른 몽골군은 우리 뒤를 바짝 쫓아오고 있었다.

"헉헉! 물소리가 들려요. 거의 다 왔어요."

한참을 도망쳐 드디어 우리의 작전 지역인 강에 도착했다. 강은 내 목 바로 밑까지 차는 깊이였는데, 어른이라면 가슴 높이 정도였고 늑대인간들은 허리 높이 정도였다. 나는 고개를 들어 강의 상류 쪽을 바라보았다. 저 멀리 아름이와 친구들이 머리 위로 동그라미를 만들어 준비 완료라는 신호를 주었다.

"오! 감쪽같아요. 작전이 먹힐 것 같은데요?"

사실 이 강은 늑대인간도 잠길 만큼 아주 깊다. 여자와 어린아이들과 함께 대피한 아름이와 친구들 그리고 다른 늑대인간 전사들이 통나무와 돌 등으로 상류의 물길을 막아 임시 댐을 만들어 깊이가 얕아진 것이다. 그 임시 댐이 바로 이번 작전의 핵심이다.

"좋아! 강 깊이가 얕아졌어요. 어서 건너요!"

"네가 건너기엔 깊구나. 내가 업어 주마. 모두 서두르자!"

한 늑대인간이 나를 번쩍 들어 등에 업었고, 레오니다스를 포함한 우리는 모두 서둘러 그 강을 건넜다. 뒤따라오던 몽골군이 그런 우리를 바라보며 외쳤다.

"아니? 강이잖아? 건널 수 있을까?"

"아냐, 저걸 봐. 키가 큰 늑대인간의 허리까지 잠기는 걸 보니 우리 가슴 높이 정도밖에 되지 않을 거야. 어서 쫓아가자!"

예상대로였다. 해상전의 패배로 경계심을 가질 것 같아 마을에서 유인 작전을 펼쳤는데 그 때문인지 몽골군은 별다른 의심 없이 우리가 강을 건너는 모습을 보고 뒤따라 강으로 들어왔다. 강의 건너편에 도착해 뒤돌아보니 대부분의 몽골군이 강에 들어와 있는 것이 보였다.

"아름아! 지금이야!"

나의 외침에 강 상류 쪽에 있는 아름이와 친구들이 와르르 임시 댐을 무너뜨렸다. 임시 댐에 막혀 있던 어마어마한 강물

이 강의 하류 쪽으로 쏟아져 내려왔다.
"으아아악! 엄청난 물줄기다! 도, 도망쳐!"
"사람 살려! 으아악! 어푸어푸!"
작전 성공! 엄청난 물살이 강에 들어온 몽골군을 한꺼번에 덮쳤다. 물의 깊이도 깊이지만 높은 곳에서 쏟아진 강력한 물줄기에 몽골군은 몽땅 쓸려 내려가 버렸다.
바로 이것이 아름이의 두 번째 작전이었다. 이 작

전은 을지문덕 장군의 살수 대첩을 응용한 것이었다. 삼국시대인 612년, 고구려의 을지문덕 장군은 지금은 청천강이라고 불

리는 살수에서 중국의 수나라와 싸워 대승을 거뒀는데, 이 전투를 살수 대첩이라고 한다. 이 살수 대첩에서 수나라의 별동대 30만 명 중 겨우 2700여 명 정도가 살아남았다고 한다. 아름이는 을지문덕 장군의 작전을 그대로 활용했고, 결과는 대성공이다.

"성공입니다! 우리가 이겼어요!"

"워우우우!"

늑대인간들은 상공을 향해 포효하며 승리의 기쁨을 만끽했다. 강의 상류 쪽에 있는 아름이와 다른 늑대인간들도 환호성을 질렀다. 대부분의 몽골군이 강물에 휩쓸렸고, 조금 남은 패잔병들은 배를 정박해 둔 곳으로 도망치고 있었다. 하지만 아름이는 이후 상황까지 내다보았다. 패잔병들의 퇴각로에 특공대를 제외한 늑대인간 전사들이 매복해 둔 것이다. 사기가 떨어진 몽골군은 매복군의 공격을 받자 반격은커녕 무기를 버리고 도망치기 바빴다.

"올림아!"

"아름아!"

강의 상류 쪽에 있던 친구들과 다른 늑대인간들이 우리 쪽으로 달려왔다.

"괜찮니? 어디 다친 덴 없어?"

"응. 난 괜찮은데, 레오니다스가 내 대신 화살에 맞았어."

난 아름이를 안심시키며 레오니다스를 가리켰다. 레오니다스는 덤덤하게 이야기했다.

"걱정 말게. 상처가 깊진 않아. 하지만 특공대의 전사들도 모두 지쳐 있으니 일단 다 같이 마을로 돌아가 부대를 정비하는 것이 좋겠네."

우리는 레오니다스의 말대로 대피했던 마을사람들과 합류해 함께 마을로 돌아왔다. 특공대와 몽골군이 잠시 혈전이 있었지만 서둘러 후퇴를 해 다행히 마을에 피해 흔적은 없었다. 레오니다스는 상처를 치료받았고, 잠시 휴식을 취한 우리는 다시 막사에 모였다.

"어쨌든 제법인데, 반올림. 흥. 이 야무진이 그 역할을 했어야 했는데!"

"정말 용감했어, 올림아. 완전 다시 봤다니까."

친구들이 너무 나를 치켜세워서 조금 민망했다.

"참, 그보다 알셈. 혹시 적이 얼마나 남았는지 확인해 봤어?"

"물론이지. 내 렌즈는 무려 200배나 줌이 된다고! 마을에서 싸우는 모습도 모두 봤고, 물에 빠진 몽골군과 도망친 패잔병이 몇 명인지도 전부 확인했지."

"대단해! 그래, 얼마나 남아 있는 거야?"

"음. 최초에 배를 타고 온 몽골군이 전부 9375명이었지? 바다에서 학익진으로 승리한 후에 절반 정도가 줄어서 4000여 명 정도가 있었어. 마을에서의 전투로 200여 명 정도가 더 줄었고, 조금 전 강에서 쓸어버린 병사와 도망치는 병사까지 제하면 남은 적은 500명이 채 안 될 거야."

생각보다도 훌륭한 성과였다. 거의 전멸에 가까운 피해를 입혔다.

"훌륭하군. 우리 쪽 피해도 조사해 봤는데, 약간 부상을 입은 전사들은 있어도 죽은 전사는 아무도 없다네. 300명 모두 전투를 하는 데는 큰 무리가 없을 거야. 우리 늑대인간들의 힘을 봐서 알겠지만 이 정도 전력 차이라면 정면 승부를 해도 충분히 이길 수 있다네."

레오니다스의 말에 주위의 늑대인간들이 모두 큰소리로 환호하며 강한 자신감을 보였다. 하지만 방심은 금물! 우리는 아직 섬의 서쪽에서 쳐들어오는 상황에 대해 대책을 세우지 못했다. 그쪽에서 올 몽골군들을 어떻게 물리칠지 회의가 필요하다. 그때 다급하게 달려온 한 늑대인간이 보고했다.

"레, 레오니다스 님! 큰일 났습니다! 섬의 서쪽 방향으로 또 다른 몽골군의 배들이 엄청난 수로 몰려오고 있습니다! 그 배에는 대장인 칭기즈 칸도 있다고 합니다!"

"뭐, 뭣이라?! 적의 수는 얼마나 되는가?"

"그, 그게……. 대략 10만 명 정도는 되어 보입니다……!"

"그런……!"

우리는 모두 할 말을 잃었다. 1만 명이 채 안 되는 첫 번째 공격을 막아내는 데에도 우리 300명은 목숨을 걸어야 했다. 더구나 아군도 많이 지친 상태이다. 무조건 싸워서 이길 수 있다고 자신만만하던 레오니다스도 10만 명이라는 보고에 그저 말없이 한숨을 쉬며 고개를 떨궜다.

"그런데 레오니다스 님, 칭기즈 칸이 제의를 하나 해왔습니다."

"제의라니? 항복이라도 하라는 것인가? 우리는 절대……."

"아닙니다. 그게…… 마을에서 해골 목걸이를 하고 있던 인간 소년과 단둘이 만나고 싶다고 했습니다. 물론 그동안은 어떠한 공격도 하지 않겠다고 하면서요."

"해골 목걸이를 한 인간 소년?"

그와 동시에 모두 나를 바라보았다. 칭기즈 칸이 나와 단둘이 만나고 싶다고? 피타고레 박사님이 말했다.

"음. 그자가 무슨 일로 올림이를 보자고 하는 걸까요?"

"대장끼리 일대일로 싸우겠다는 게 아닐까? 그렇다면 나야 환영이지. 나는 일대일로 싸워 져 본 적이 없다네. 자네 목걸이를 내게 빌려주게. 내가 해골 목걸이를 착용하고 다녀오겠네."

용감무쌍한 레오니다스의 말에 의견을 말하려는 참에 늑대 인간의 보고가 이어졌다.

"하지만 레오니다스 님, 저희 첩보원의 보고에 따르면 칭기즈 칸은 훌륭한 작전을 짜는 적의 대장과 대면해서 지략으로 대결하길 즐긴다고 합니다. 두뇌 싸움으로 대장의 사기를 꺾은 후 항복시킨다고 하더군요."

"지, 지략? 에잇, 하필이면 내가 약한……."

"제가 다녀올게요, 레오니다스. 어차피 인간 소년이라는 것도 알고 있으니 다른 사람이 갈 수는 없어요. 마을에서 절 봤던 몽골군이 보고한 것 같으니 제 얼굴도 알고 있을 거예요."

자신 있게 말하는 나를 친구들이 말렸다. 하지만 지금은 이 방법밖에 없다. 10만 명과 맞서 싸울 방법은 도저히 없었다. 칭기즈 칸의 명성이나 역사적인 사실을 참고하면, 어린 소년인 나를 일대일로 보자고 해놓고는 비겁하게 공격하지는 않을 것이다. 레오니다스도 그렇게 말하며 다른 친구들을 안심시켰다. 그렇게 친구들의 걱정을 뒤로하고 나는 섬의 서쪽에 있는 칭기즈 칸의 배로 혼자 향했다.

홀로 위풍당당하게 적진에 다가갔지만 사실 내 심장은 콩알만 해져 있었다. 10만 명의 몽골군이 타고 온 배는 섬의 서쪽을 몽땅 다 뒤덮고도 남아 수평선 너머로 끝이 보이지 않게 포진해 있었다. 나를 발견한 몽골군 한 명이 소리쳤다.

"앗! 적장이 왔다! 칭기즈 칸 님! 바로 이 녀석입니다! 마을에서 보았던 그 꼬마입니다!"

쳇, 이 비리비리한 몽골군이 도망치는 와중에 나를 보고 칭기즈 칸에게 보고한 모양이군. 정박된 배 중 가장 크고 무섭게 생긴 배 위에서 무시무시한 갑옷을 입은 칭기즈 칸이 나타났다. 징키스칸은 나를 내려다보며 말했다.

"생각보다도 어린 소년이로군. 이리 올라와라."

나는 살벌한 눈빛의 몽골 병사들 사이를 지나 칭기즈 칸이 탄 배에 올랐다. 그곳에서 작은 탁자를 사이에 두고 나와 칭기즈 칸은 마주 앉았다.

"호오라. 이렇게 어린 소년이라니 정말 놀랍군. 네 작전으로 1만 명에 달하는 내 병사들이 전멸하다시피했다. 처음엔 분하고 화가 나 몽땅 쓸어버리려 했지만 과연 이런 작전을 세우는 적장이 누구인지 한 번 보고 싶어서 말이야. 자, 네 눈으로 나와 나의 함대를 본 소감이 어떠냐? 엄청난 병력 차이에 오금이 저릴 터! 이래도 항복하지 않을 테냐?"

칭기즈 칸은 나에게 겁을 주며 위협하기 시작했다. 흥! 내가 이 정도에 겁먹을 줄 알고? 나는 일부러 인상을 팍 쓰며 당당하게 말했다.

"용건만 말씀하시지요. 저를 보자고 하신 이유가 뭡니까?"

　나의 물음에 칭기즈 칸은 뻔뻔한 얼굴로 말했다.
　"흥! 역시 맹랑한 녀석이로군. 좋다. 어차피 네 녀석처럼 비상한 머리를 가진 자를 말로 항복시키는 건 불가능할 줄 알았지. 여기서 나와 대결을 하자. 그 대결에서 만일 내가 진다면 너와 네 친구들이 이 섬에서 도망칠 수 있는 시간을 주지. 하지만 내가 이기면 너는 지금 즉시 항복하고 이 섬에서 저 지저분한 늑대들과 함께 나가 줘야겠어. 그렇지 않으면 몽땅 쓸어버릴 테니 말이야. 어때, 괜찮지?"

"흥! 결국 이기든 지든 이 섬을 차지하겠다는 말이군요?"

내가 되묻자 칭기즈 칸은 씩 웃으며 말했다.

"후후후. 전쟁을 피할 수 없는 상황에서 나쁘지 않은 제안이라 생각하는데? 대신 대결 종목은 네가 정하도록 해 주마. 난 무엇이든지 자신 있다. 칼싸움, 활쏘기 시합, 달리기 경주, 물속에서 숨 오래참기 등등 네가 원하는 종목으로 대결해 주마."

우선 침착하자. 흠…… 어쨌든 내가 대결에서 이기면 우리가 작전 회의를 할 시간 혹은 정말로 아무도 다치지 않고 도망칠 시간이라도 벌 수 있을지 모른다. 어떤 대결을 해야 할지 곰곰이 생각해 봤다. 초등학생인 내가 칭기즈 칸과 칼싸움이나 달리기 시합 같은 걸 해서 이길 순 없겠지? 그렇다면 내가 가장 자신 있는 건……!

"수학 대결을 하지요. 혼합 계산을 하고 누가 먼저, 정확한 답을 말하는지 대결하는 거예요."

"혼합 계산이라…… 그거 재미있겠군. 좋다! 승부를 받아들이지. 다섯 문제를 내서 세 번 먼저 답을 말하는 사람이 이기는 것이다. 어떠냐?"

"좋아요. 지고 나서 딴말하기 없기예요!"

"이 칭기즈 칸, 한 입으로 두말하지 않는다. 작전 참모! 혼합 계산 문제를 내라!"

그 말에 칭기즈 칸의 옆에 서 있던 몽골군 작전 참모가 나와 칭기즈 칸에게 종이 여러 장과 펜 한 자루씩을 각각 건넸다. 문제를 풀 준비가 되자 참모가 첫 번째 문제를 냈다.

4 + 12 - 7 + 8 - 6 + 13

첫 번째 문제는 간단한 더하기 빼기 문제였다. 나는 재빨리 암산을 시작했는데 칭기즈 칸이 나보다 먼저 외쳤다.

"정답! 24!"

"칭기즈 칸 님이 맞혔습니다."

아니? 의외였다. 칭기즈 칸은 수학에서도 강한 모습을 보였다. 나보다 계산을 빨리할 줄이야!

"후후, 놀랐는가? 이 칭기즈 칸은 못하는 게 없지. 내가 단순히 싸움만 잘한다고 생각했다면 큰 오산이다. 내가 먼저 한 판 이겼군. 자! 두 번째 문제!"

나는 바짝 긴장했다. 결코 만만치 않은 상대였다. 작전 참모가 낸 두 번째 문제는 다음과 같았다.

7 + 8 × 2 - 14

곱셈이 있긴 했지만 그리 어렵지 않은 문제였다. 나와 칭기즈 칸은 문제를 듣자마자 종이에 풀기 시작했다. 그런데 이럴 수가! 이번에도 칭기즈 칸이 먼저 외쳤다.

"정답! 16!"

"음. 틀렸사옵니다."

휴, 그럼 그렇지. 칭기즈 칸은 혼합 계산의 순서를 무시하고 그냥 앞에서부터 차례로 계산해 오답을 말했다. 혼합 계산을 할 때는, 첫째, 괄호 안을 먼저 계산해야 하고, 둘째, 곱셈 나눗셈을 먼저 계산해야 하고, 셋째, 덧셈 뺄셈을 계산해야 한다. 그러니 7 + 8 × 2 − 14에서는 8 × 2를 먼저 계산한 후 7을 더한 뒤 14를 빼야 한다. 8 × 2 = 16이고 16 + 7 = 23이다. 23 − 14 = 9!

"정답은 9입니다."

"이 자가 맞혔습니다."

작전 참모가 그렇게 말하자 칭기즈 칸은 이를 갈았다.

"흥! 혼합 계산의 순서를 실수했군. 이제 동점이 됐을 뿐이다. 다음 문제!"

"예, 그럼 다음 문제를 드리겠습니다."

{ 175 − (35 + 68) } ÷ 9 + 24

앗! 세 번째 문제는 중괄호와 소괄호가 있었다. 이럴 땐 소괄호를 먼저 계산한 후 중괄호를 계산해야 한다. 그리고 남은 계산식은 곱셈 나눗셈 먼저 그다음은 덧셈 뺄셈을 계산하면 된다.

35 + 68 = 103이고 175 − 103 = 72이다. 72 ÷ 9 = 8이니까 8 + 24 = 32!

"정답! 32!"

"맞혔습니다."

"이, 이런!"

미처 계산을 끝내지 못한 칭기즈 칸은 인상을 찌푸렸다. 이제 내가 2점, 칭기즈 칸은 1점! 한 번만 더 이기면 된다.

"그럼, 네 번째 문제입니다."

4 × (38 − 29) + { (17 + 47) ÷ 8 }

마지막 문제가 될 수도 있다는 생각에 칭기즈 칸은 굉장한 속도로 계산하기 시작했다. 하지만 나도 결코 지지 않아! 소괄호부터 먼저 계산해 보자. 38 − 29는 9이고, 17 + 47은 64이다. 그러므로 이를 세로식으로 정리하면 다음과 같다.

$$4 \times (38 - 29) + \{(17 + 47) \div 8\}$$
$$= 4 \times 9 + \{64 \div 8\}$$
$$= 36 + 8 = 44$$

"정답! 75?"

"정답! 44!"

계산을 끝내는 순간 칭기즈 칸이 간발의 차로 나보다 먼저 답을 외쳤다. 그런데 칭기즈 칸의 답은 나와 달랐다. 둘 중 정답을 말한 사람은 누구지?

"정답은 44입니다."

"얏호!"

좋았어! 내가 세 문제를 먼저 맞혔다! 내가 벌떡 일어나 환호하자 얼굴이 새빨개진 칭기즈 칸이 노발대발하며 소리쳤다.

"에잇! 이 칭기즈 칸이 겨우 이 정도 문제에 지다니! 네놈! 꼴도 보기 싫으니 당장 물러가라! 두 시간의 여유를 주마! 그때까진 이곳에서 어떠한 공격도 하지 않겠다! 이 두 시간짜리 모래시계를 받아라. 나도 똑같은 모래시계를 엎어 두지. 지금부터 두 시간 안에 도망을 치든지 이곳에서 저 늑대들과 함께 죽든지 알아서 해라!"

칭기즈 칸은 그렇게 말하며 두 시간짜리 모래시계를 뒤집어 나에게 줬다. 이런! 하루 이틀도 아니고 겨우 두 시간만 기다려 준다고?

"겨우 두 시간……."

큰소리로 따지려다가 주위를 둘러본 나는 움찔했다. 더 이상 따지기에는 칭기즈 칸과 몽골군들의 표정이 너무 무서웠다. 여기서 칭기즈 칸의 화를 더 돋우는 건 좋지 않을 것 같았다.

"좋습니다. 하지만 명심하세요! 절대로 늑대인간들로부터 이 섬을 빼앗으실 수 없을 거예요!"

나는 그렇게 용감하게 외치고는 배에서 내려 늑대인간들의 마을로 향했다. 두고 보자! 어떻게든 이 섬을 지켜 내겠어!

나는 위풍당당하게 늑대인간의 마을로 들어섰다. 입구에 마중 나온 친구들과 레오니다스는 무사히 돌아온 나를 따뜻하게 맞아주었다. 레오니다스가 내 어깨를 두드리며 말했다.

"정말 다행이야. 표정을 보아하니 무언가 성과가 있는 것 같군. 그래, 거기서 무슨 일이 있었나? 이 모래시계는 또 뭐지?"

일행들은 눈을 동그랗게 뜬 채 내 입이 어서 열리길 기다리는 눈치였다. 나는 침을 꼴깍 삼킨 후 칭기즈 칸의 배 위에서 있었던 일을 빠짐없이 이야기했다. 일단 당장 공격은 멈출 수 있었지만 시간을 조금 번 것뿐 상황은 달라지지 않았다는 사실에 분위기가 침울해졌다. 레오니다스는 근심 어린 얼굴로 말했다.

"음. 그렇다면 이 모래시계가 끝나기 전까지 어떻게든 방법을 찾아봐야겠군."

"아무리 그래도 10만 명의 군대와 싸울 수는 없어요. 정말 다른 곳으로 도망이라도 치는 게 좋지 않을까요?"

"맞아요. 여기 있다간 모두 꼼짝없이 죽을 거라고요!"

아름이와 일원이가 레오니다스에게 도망칠 것을 권했지만 레오니다스는 눈을 지그시 감고는 고개를 절레절레 흔들며 말했다.

"그럴 순 없네. 자네들은 어떻게 생각할지 모르겠지만 이 섬은 내 아버지의 아버지, 그 아버지의 아버지에 이르기까지 천 년도 넘는 세월을 이어온 늑대인간들의 고향이야. 이곳에서 싸우다 죽는 한이 있더라도 이곳을 버리고 도망칠 수는 없네."

"레오니다스! 그렇지만……."

내가 걱정스런 표정으로 다시 한 번 설득하려 했지만 레오니다스는 미소 지으며 단호하게 말했다.

"반올림, 그리고 자네들. 지금까지 고마웠네. 이제는 우리들이 보답할 차례야. 자네들의 배를 고쳐 주지 못해 유감일세. 하지만 우리의 남은 배를 주겠네. 그것을 타고 이곳에서 벗어나도록 하게."

"말도 안 돼! 그럴 순 없어요!"

"내 말대로 하게! 자네들까지 이곳에서 죽을 이유는 없단 말일세!"

"잠깐!"

나와 레오니다스가 언성을 높이고 있는 와중에 누군가가 나타났다. 온통 하얀 털을 가진 늑대인간이었는데, 인간으로 치면 90세 이상의 할아버지쯤으로 보이는 늑대인간이었다.

"레오니다스, 저분은……?"

"아아, 우리 늑대인간 마을에서 가장 나이가 많으신 장로님일세. 족장은 나지만 이분은 마을의 정신적인 지주 역할을 하시는 현명한 분이시지."

레오니다스가 소개한 늑대인간 장로는 느린 걸음으로 천천히 다가와 나와 친구들을 둘러보더니 이렇게 말했다.

"레오니다스, 이 전사들은 전설 속 '그들'이다. 너도 그 전설을 알고 있겠지?"

"아니! 그러고 보니? 설마 했는데 정말이군요!"

레오니다스도 우리를 둘러보며 그렇게 말했다. 전설? 뜬금없이 무슨 전설타령이지?

"우리 늑대인간들 사이에는 오래전부터 전해져 내려오는 전설이 있다네. 사실 이 섬의 남쪽에는 드래곤이 잠들어 있다는 거대한 드래곤 유적지가 있어. 그 드래곤은 신에 가까울 정도의 강력한 힘을 가지고 있는데 전설에 의하면 늑대인간의 최후의 날, 하늘에서 내려온 다섯 명의 인간과 강철의 전사가 그 드래곤을 깨울 것이라고 전해진다네."

"다섯 명의 인간과 강철의 전사?"

그 말에 나와 친구들은 서로를 바라보았다. 나, 아름이, 일원이, 야무진, 피타고레 박사님까지 다섯 명 그리고 강철의 전사는 다름 아닌 알셈이었다.

"늑대인간의 최후의 날, 그것이 바로 오늘이다. 너희들은 우리를 구원하기 위해 내려온 전사들이야. 서둘러 드래곤 유적지로 가거라. 오직 너희들만이 그 유적지의 드래곤을 깨울 수 있을 것이야."

늑대인간 장로의 말대로 그 전설이 사실이라면 우리를 지칭하는 게 분명했다. 우리가 전설 속에 등장하는 전사라니! 정말로 드래곤을 깨울 수 있단 말이야?

"올림아, 당장 그곳으로 가보는 게 좋겠어. 전설이 맞을지는 모르겠지만, 지금은 모든 가능한 수단을 다 동원해야 해."

"그래, 아무리 생각해도 저 전설은 우리 이야기 같아."

아름이와 일원이가 두 주먹을 불끈 쥐며 말했다.

"가 보는 수밖에 없겠어. 근데 거길 간다고 해서 우리가 뭘

할 수 있을까? 우리가 무슨 마법사라도 된다면 모를까."

"그래도 가 봐야지, 인간. 만일 우리가 그 드래곤을 깨울 수만 있다면 분명 큰 힘이 될 거야."

"그러자꾸나. 올림아, 지금으로서는 이 방법밖에 없을 것 같구나."

야무진, 알셈, 피타고레 박사님까지……. 모두의 뜻이 같았기 때문에 더는 고민할 필요가 없었다.

"좋아요! 레오니다스, 우리가 그곳에 가 볼게요! 가는 길을 가르쳐 주세요."

레오니다스는 고개를 끄덕이며 드래곤 유적지로 가는 길을 가리켰다.

"저쪽 숲을 따라 조금 걸어가다 보면 폭포가 있는 계곡이 나올 것이네. 그 폭포 뒤쪽이 드래곤 유적지의 입구인데 문을 여는 방법은 입구에 적혀 있을 게야. 하지만 우리 늑대인간들은 도저히 무슨 말인지 모르겠더군. 아마 자네라면 그 유적지의 문을 열 수 있을 거라 믿네."

"알겠습니다. 그런데 만에 하나 저희가 그 드래곤을 깨우는 데 실패한다면……."

나도 모르게 말끝을 흐렸다. 늑대인간들의 전설을 의심하는 건 아니었지만 우리가 과연 해낼 수 있을지에 대해서는 자신이 없었기 때문이었다.

"걱정 말게. 우리는 최악의 상황에 대비해 이곳에서 마지막이 될 전투를 준비할 거야. 자네들이 우리의 마지막 희망인 것은 사실이지만, 만일 실패한다고 해도 누구도 자네들을 원망하지 않을 테니 걱정 말게. 하지만 반대로 만에 하나 우리 쪽이 전멸하게 된다면 자네들은 꼭 살아서 이곳을 빠져나가게. 내 마지막 부탁이니, 꼭 그리해 주게. 약속해 주겠나?"

"……그렇게 할게요, 레오니다스."

나는 차마 마지막이 될지 모르는 레오니다스의 부탁을 거절할 수 없었다.

"고맙네. 자, 그럼, 어서 출발하게. 오늘이 마지막이 된다 해도, 나와 우리 늑대인간들은 결코 그대들을 잊지 않겠네."

레오니다스는 정말이지 말 한 마디 한 마디가 어쩜 그리 영화 대사 같을까? 우리는 그렇게 손을 흔들며 배웅하는 늑대인간들을 뒤로하고 드래곤의 유적지로 무거운 발걸음을 옮겼다.

 레오니다스가 알려 준 숲속을 한참 걸어가니 거대한 폭포가 나타났다. 폭포 아래에는 꽤 큰 계곡도 있었는데, 다행히 우리의 무릎 높이밖에는 되지 않는 얕은 깊이였다. 떨어지는 폭포수의 뒤쪽에 작은 동굴이 있었고, 그 끝에는 드래곤의 그림이 그려진 돌문이 있었다.

 "히야! 감쪽같군. 떨어지는 폭포수의 뒤쪽에 이런 동굴이 있을 줄이야."

 "앗, 여길 좀 봐. 정말로 뭐라고 적혀 있어."

 일원이와 아름이가 돌문에 적힌 글씨를 발견했다.

 "엥? 이게 무슨 말이야? 12/12?"

 "이건 분수야. 3학년 1학기 때 배웠잖아."

 어리둥절한 야무진의 물음에 내가 말했다.

 "$\frac{12}{12}$는 '십이분의 십이'라고 읽어. 1을 열두 개로 나눈 것 중 열두 개라는 뜻이야. 하지만 대체 이게 무슨……."

 "이봐, 꼴뚜기. 이 홈을 잘 봐. 동그란 원이 열두 개로 조각난 모양을 하고 있어."

"앗?"

알셈이 가리킨 곳은 글씨 아래에 있는 홈이었다. 그 원형의 홈은 마치 피자를 자른 것 같은 모습이었는데, 열두 조각으로 나뉘어져 있었고 조각이 들어가는 곳마다 숫자가 적혀 있었다. 우리가 그 홈을 여기저기 만져보고 있는 동안 그 홈을 자세히 살펴보시던 피타고레 박사님께서 말씀하셨다.

"알았다! 돌문은 조각을 모아 $\frac{12}{12}$를 완성하면 열린다고 했지? 이 홈에 들어갈 피자 조각 모양 돌 열두 개를 구해서 이 안에 끼워 넣어야 하는 것 같구나."

피타고레 박사님의 말에 아름이와 야무진이 말했다.

"그렇다면 열두 조각을 모두 모아 여기에 끼워 넣으면 홈이 꽉 차게 되겠군요?"

"흠, 그 말은 열두 조각이 모인 동그란 판이 이 문의 열쇠가 된다는 거군."

과연 늑대인간들은 분수가 뭔지 몰랐을 테니 이 동굴에 적힌 글의 의미도 몰랐을 것이다.

"그런데 조각은 어디 있는 거지? 설마……."

나와 친구들은 각자의 발 아래를 살펴봤다. 그 돌문이 있는 동굴은 그리 깊지 않았지만 여기저기 무수한 돌조각들이 바닥에 널려 있었다.

"으으으, 웬 돌조각들이 이렇게 많아. 이 중에서 언제 피자 조각 모양 돌 열두 개를 다 찾지?"

"그래도 찾아는 봐야지. 서두르자."

우리는 모두 동굴 바닥에 쪼그려 앉아 보물찾기하는 심정으로 바닥의 돌들을 뒤지기 시작했다. 혹시라도 모르고 밟아 깨뜨릴까 봐 조심스럽게 모든 돌들을 하나씩 살펴보았다. 얼마나 시간이 지났을까? 한참을 그렇게 쪼그려 앉아 온 신경을 집중하다 보니 땀이 비 오듯 흐르고 다리도 아팠다. 나는 아픈 다리를 두드리며 친구들에게 물었다.

"휴, 힘들다. 뭐라도 찾은 사람 있어?"

다들 고개를 절레절레 흔들었다.

야무진이 손에 든 돌멩이를 집어던지며 말했다.

"피자 조각 모양 돌조각은 전혀 안 보여!"

"죄다 둥그렇거나 커다랗거나 뾰족한 그냥 평범한 돌멩이들 뿐이야."

"아무리 찾아봐도 피자 조각 모양의 돌조각은 없는 것 같아."

"도대체 어디에 있는 거지……."

열두 조각을 찾아야 하는데 아직 한 조각도 발견하지 못한 우리는 맥이 풀려 잠시 돌조각 찾는 것을 멈추고 주저앉아 버렸다.

"에잇, 정말! 더는 못하겠네!"

아까부터 투덜거리며 돌을 찾던 야무진이 화를 버럭 내며 동굴 밖으로 나가 버렸다.

"엥? 야무진! 어디 가는 거야? 돌 안 찾을 거야?!"

"찾는다, 찾아! 이 동굴 밖에 있는 계곡에 가서 세수나 좀 하고 오려고! 더워서 집중이 안 돼!"

야무진이 동굴 밖으로 나간 다음에도 우리는 돌 찾기를 계속했다. 그때 동굴 밖에서 야무진의 목소리가 들렸다.

"어어? 어! 얘, 얘들아! 이리 와 봐! 박사님! 이리 좀 와 보세요!"

야무진 특유의 호들갑에 피타고레 박사님과 내가 말했다.

"쟨 또 왜 저런담. 계곡에 빠지기라도 했나?"

"무릎 높이밖에 안 되는데 그럴 리가요. 계곡에 물고기라도 발견해서 신난 것 같은데요?"

"빨리! 빨리 와 봐! 돌조각을 찾았단 말이야!"

"뭣?!"

우리는 깜짝 놀라 후다닥 동굴 밖으로 뛰쳐나갔다. 야무진은 무릎에 닿을 정도의 깊이인 그 계곡 바닥을 바라보며 말하고 있었다. 아마도 세수를 하다 발견한 모양이다.

"여길 좀 봐! 이 계곡이었어! 바닥에 피자 조각 모양의 돌들이 잔뜩 있다고!"

"우왓! 정말이잖아?!"

놀라운 일이었다. 우리가 처음 동굴에 올 때 무심코 지나온 그 계곡은 바닥이 모두 보일 정도로 아주 깨끗했는데, 바닥엔 온통 피자 조각 모양의 돌들로 잔뜩 뒤덮여 있었다. 코앞에 열쇠를 두고 동굴에서 그 고생을 했다니!

동굴에서 괜히 시간만 낭비한 셈이다. 알셈이 고개를 절레절레 흔들며 말했다.

"저 녀석이 도움이 될 때도 있군."

"아무튼 야무진이 물고기보다 더 좋은 걸 찾았네? 모두 여기서 찾아보자."

"모두 내 덕분에 찾게 된 줄 알라고! 다들 나에게 고마워해야 돼! 이 야무진 님에게 말이야!"

야무진은 계속 자기 덕이라며 생색을 냈다. 그런데 문을 열기 위해 필요한 조각은 열두 개인데, 이 계곡 바닥의 돌조각은 수백 개도 넘는 것 같았다. 어떤 게 진짜 돌조각이지?

"영차! 올림아, 이것 좀 봐. 분수가 적혀 있는데?"

아름이가 돌문의 홈에는 맞지 않아 보이는 커다란 돌조각 하나를 들어 올려 나에게 보여 주었다.

"그러네. 어디 보자. $\frac{5}{4}$라……."

다른 돌조각도 들여다보니 돌조각에는 저마다 다양한 분수들이 적혀 있었다.

"아니, 이건 아닐 거야. 우리는 열두 조각을 모두 찾아 $\frac{12}{12}$라는 분수를 만들어서 1을 만들어야 해. $\frac{5}{4}$는 분자가 분모보다 크지? 이건 1보다 큰 수가 되는 거야."

내 말에 친구들은 모두 고개를 갸우뚱하며 이해하지 못하는 것 같았다. 음, 이걸 어떻게 설명해야 하지? 그때 갑자기 좋은 생각이 났다. 나는 남은 시간도 볼 겸, 조금 전 칭기즈 칸에게 받은 두 시간짜리 모래시계를 꺼내 보여 줬다. 모래시계의 위쪽에 있던 모래는 반의 반 정도가 벌써 밑으로 내려와 있었다.

"자, 이 모래시계를 봐. 반의 반 정도가 밑으로 내려왔지? 이 모래시계 안의 모든 모래를 네 덩이의 모래로 나눈다고 생각해 보자. 지금은 네 덩이 중 한 덩이가 내려왔고, 세 덩이는 아직 위에 있어. 이걸 분수로 설명하자면 $\frac{1}{4}$이 밑으로 내려왔고, $\frac{3}{4}$이 위에 남아 있다고 나타낼 수 있는 거야. 여기서 전체가 되는 4는 분모, 일부가 되는 1이나 3은 분자가 되는 거야."

"아하! 그럼 열두 조각 중 한 개는 $\frac{1}{12}$이 되는 거구나?"

아름이가 가장 먼저 이해하고는 그렇게 말했다.

"바로 그거야! 그러니까 우리는 분모인 12보다 분자가 작은 진분수의 조각들을 찾아야 해."

"진분수?"

"응. 예를 들어 $\frac{1}{2}$처럼 분자가 분모보다 작은 분수를 진분수라고 하고, $\frac{2}{2}$나 $\frac{3}{2}$처럼 분자가 분모와 같거나 분모보다 큰 분수를 가분수라고 해."

"올림이 말이 맞다. 우리는 열두 조각으로 나누어진 조각을 찾는 것이니 $\frac{1}{12}$이나 그에 해당하는 크기의 분수 열두 개를 찾으면 될 거야."

피타고레 박사님이 덧붙여 설명해 주셨다.

"앗! 여기 있다! $\frac{1}{12}$이라고 적힌 조각이야!"

일원이가 드디어 첫 번째 조각을 찾아냈다!

우리는 본격적으로 계곡 밑바닥을 빠르게 수색하기 시작했다. 모래시계의 $\frac{1}{4}$이 내려온 것을 확인한 이상 지체할 시간이 없었다. 2시간짜리 모래시계의 $\frac{1}{4}$은 30분이니까, 칭기즈 칸이 공격해 오기까지 남은 시간은 1시간 30분! 하지만 수백 개가 넘는 돌조각들 중 정확히 $\frac{1}{12}$을 나타내는 분수가 적힌 돌조각을 찾기란 쉽지 않았다. 어떤 것들은 엉뚱한 분수가 적혀 있고 또 어떤 것들은 말도 안 되는 글자가 적혀 있었다. 심지어 아무것도 적히지 않은 것들도 있었다. 한참을 계곡 바닥을 뒤져 저마다 한두 개씩 $\frac{1}{12}$의 돌조각들을 찾아냈는데, 총 8개를 찾을 수 있었다. 잠시 후 또다시 투덜대기 시작한 건 역시나 투덜이 야무진이었다.

"으으, 허리 아파. 조금만 쉬었다 하자. 아무리 봐도 더 이상은 없는 것 같은데?"

"쉴 시간이 어딨어! 우리가 여기 보물찾기 하러 온 게 아니잖아! 빨리 드래곤 유적지의 문을 열지 못하면…… 앗?"

나는 야무진을 구박하다 저 멀리 계곡 바닥에 $\frac{1}{12}$이 적힌 돌조각을 하나 발견하고 소리쳤다. 그 돌조각 바로 앞에는 일원이가 있었다.

"일원아! 네 오른쪽 바닥! $\frac{1}{12}$이 있어!"

"정말? 어디? 으악!"

첨벙!

빠직!

일원이는 빠르게 몸을 돌려 내가 가리킨 곳을 바라보다 그만 계곡 바닥에 엉덩방아를 찧고 말았다. 다행히 물이 있어 크게 다치지는 않았지만, 육중한 일원이의 엉덩이에 깔린 $\frac{1}{12}$이라고 적힌 돌조각이 산산이 조각나고 말았다.

"흐이익! 이, 이를 어째! 애, 애들아 미안……!"

"이, 이제 어쩌면 좋지? $\frac{1}{12}$이라고 적힌 조각이 열두 개뿐이라면 그중 하나인 것 같은데……."

아름이는 금방이라도 울 것 같은 얼굴로 산산조각이 난 돌조각을 들고 있었다.

"아니다. 얘들아, 어쩌면 이걸로 될지도 모르겠구나."

"박사님?"

피타고레 박사님은 그렇게 말씀하시며 여러 개의 돌조각들을 내밀어 보이셨다. 지금까지 나와 친구들이 저마다 한두 개씩 돌조각을 찾을 동안 피타고레 박사님만 단 한 조각도 찾지 못하셨는데, 갑자기 여러 개의 돌조각들을 내미시다니? 어떻게 된 거지?

"사실 나는 $\frac{1}{12}$은 하나도 발견하지 못했지만 그와 크기가 같은 조각들을 발견하고 혹시 몰라 챙겨 두었단다. 이걸 좀 보렴."

"앗? 이건!"

박사님이 내민 돌조각은 세 개였는데 $\frac{1}{12}$이라고 적혀 있는 돌조각과 똑같은 크기의 돌조각 두 개에는 각각 $\frac{2}{24}$와 $\frac{3}{36}$이라고 적혀 있었고, $\frac{1}{12}$ 돌조각 두 개를 합쳐놓은 것 같은 크기와 모양의 $\frac{1}{6}$이라고 적힌 돌조각도 있었다.

"그렇구나! $\frac{2}{24}$는 스물네 개로 나눈 것 중 두 개니까, 열두 개로 나눈 것 중 한 개와 크기가 같은 분수였어."

박사님은 빙그레 웃으시며 또 다른 분수 조각을 내미셨다.

"그렇단다. 이 $\frac{3}{36}$을 보렴. $\frac{1}{12}$에서 분모인 12에 3을 곱하면 36이고, 분자인 1에 3을 곱하면 3이지? 분수는 이렇게 분모와 분자가 커도 몇 개 중의 몇 개를 나타내는지만 알면 그 크기를 알 수 있단다. $\frac{3}{36}$은 서른여섯 개로 나눈 것 중 세 개니까, 열두 개로 나눈 것 중 하나인 $\frac{1}{12}$과 크기가 같은 분수지."

내가 기쁜 마음에 돌조각들을 만지작거리고 있을 때 일원이가 물었다.

"하지만 박사님, 이 $\frac{1}{6}$은 뭐예요? $\frac{1}{12}$이라고 적혀 있는 돌조각 두 개가 붙어 있는 것 같은 크기예요. 딱 두 배는 되겠는데요?"

"그렇지! 일원이 네 말이 맞단다. $\frac{1}{6}$은 전체를 여섯 개로 나눈 것 중 한 개라는 뜻이지? 그러니까 열두 개로 나눈 것 중 두 개가 되는 크기란다. 그러니 $\frac{1}{6}$은 $\frac{2}{12}$라고 쓸 수도 있지."

"그래서 이 돌조각의 크기가 $\frac{1}{12}$의 두 배구나……. 앗! 잠깐!

그렇다면 모든 조각을 모았어요! 이것들을 가지고 문으로 가 볼까요?"

"음! 그렇구나! $\frac{1}{12}$ 여덟 개와 $\frac{2}{24}$, $\frac{3}{36}$, $\frac{1}{6}$ 을 모두 합치면 하나가 된다! 서두르자!"

우리는 다시 동굴의 문으로 들어왔고, 지금까지 모았던 모든 돌조각들을 차례로 끼워 넣었다.

"해냈다! $\frac{12}{12}$ 를 완성했어!"

쿠드드드드!

먼지와 돌조각들을 날리며 돌문이 서서히 밑으로 가라앉기 시작했다. 좋았어! 드디어 드래곤 유적지의 문을 열었다!

와구와구 수학 랜드 1

여러분, 본문 속에 녹아 있는 혼합 계산과 분수에 대해서 더욱 자세히 알아볼까요?

1 혼합 계산의 순서에 대해 알아봅시다.

3 + 5 - 2처럼 덧셈과 뺄셈만 있는 계산식은 앞에서부터 차례대로 계산하면 됩니다. 정답은 6이 나옵니다. 그런데 만약 4 + 5 × 2와 같이 덧셈과 뺄셈이 섞여 있는 혼합 계산식이 나온다면 어떻게 풀어야 할까요? 만일 이 문제를 덧셈 뺄셈처럼 앞에서부터 차례로 계산하면 4 + 5는 9니까 9 × 2 = 18이라고 계산할 수 있겠지만 이건 틀린 답이에요. 혼합 계산의 순서는 다음과 같습니다.

① 괄호 안을 먼저 계산

② 곱셈 나눗셈 계산

③ 덧셈 뺄셈 계산

4 + 5 × 2에서는 곱셈인 5 × 2를 먼저 계산해야 해요. 그다음에 4를 더해야 합니다. 5 × 2는 10이고 여기에 4를 더하면 답은 14가 됩니다. 어때요? 혼합 계산식을 모르고 앞에서부터 계산했을 때와는 전혀 다른 답이 나오지요? 그럼 다음 문제를 봅시다.

(6 + 2) × 3은 위의 문제와 비슷한 것 같지만 뭔가 다르지요? 괄호가 등장했습니다. ( )는 소괄호라고 읽고, { }는 중괄호, [ ]는 대괄호라고 읽어요. 혼합 계산에서는 곱셈, 나눗셈보다 이 괄호 안을 더 먼저 계산해야 합니다. 소괄호를 먼저 계산하고, 그다음 중괄호, 그다음 대괄호, 그다음 곱셈과 나눗셈, 그다음이 덧셈과 뺄셈 순이에요. 계산해 봅시다. 6 + 2는 8이고, 여기에 3을 곱하면 답은 24가 됩니다.

2 조금 더 복잡한 혼합 계산을 해 봅시다.

{ 400 − (57 + 35) } ÷ 2 + 1을 풀어 볼까요? 수가 커지더라도 혼합 계산의 순서만 잊지 않으면 어렵지 않아요. 괄호와 곱셈, 나눗셈, 덧셈, 뺄셈에 유의하며 차근차근 풀어 봅시다.

① 57 + 35 = 92이므로 { 400 − (57 + 35) } ÷ 2 + 1 = { 400 − 92 } ÷ 2 + 1

② 400 − 92 = 308이므로 { 400 − 92 } ÷ 2 + 1 = 308 ÷ 2 + 1

③ 308 ÷ 2 = 154이므로 308 ÷ 2 + 1 = 154 + 1 = 155

그래서 { 400 − (57 + 35) } ÷ 2 + 1 = 155가 됩니다. 어렵지 않지요?

3 네 개의 숫자 3을 가지고 혼합 계산을 이용해 0부터 10까지의 수를 만들어 봅시다.

혼합 계산에서 괄호와 사칙연산 기호를 잘 활용하면, 네 개의 숫자 3을 가지고 1, 2, 3, 4, 5, 6, 7, 8, 9, 10을 만들 수 있습니다. 한번 해 볼까요?

$3 + 3 - 3 - 3 = 0$

$3 - 3 + 3 \div 3 = 1$

$3 \div 3 + 3 \div 3 = 2$

$(3 + 3 + 3) \div 3 = 3$

$(3 \times 3 + 3) \div 3 = 4$

$3 + (3 + 3) \div 3 = 5$

$3 + 3 + 3 - 3 = 6$

$3 + 3 + 3 \div 3 = 7$

$3 \times 3 - 3 \div 3 = 8$

$3 \times 3 \times 3 \div 3 = 9$

$3 \times 3 + 3 \div 3 = 10$

어때요? 신기하죠? 이렇게 혼합 계산을 이용하면 같은 숫자를 가지고도 여러 가지 계산식을 만들 수 있답니다. 하지만 혼합 계산을 할 때 계산 순서가 틀리면 엉뚱한 오답이 나올 수 있다는 점! 꼭 조심해야겠지요?

4 분수의 크기를 비교해 봅시다.

3학년 1학기 때 배웠던 분수에 대해 좀 더 알아봅시다. 분수란 전체에 대한 부분을 나타내는 수라는 것, 기억하고 있지요? $\frac{1}{5}$처럼 분자가 분모보다 작은 수는 진분수, $\frac{5}{5}$나 $\frac{6}{5}$처럼 분자가 분모보다 크거나 같은 분수는 가분수라고 해요. $3\frac{1}{5}$처럼 자연수와 진분수의 합을 나타낸 분수는 대분수라고 합니다. 그렇다면 분수의 크기는 어떻게 비교해 볼 수 있을까요? 다음 중 $\frac{1}{5}$과 $\frac{2}{5}$ 중 큰 분수는 무엇일까요? 분모가 같으니까 이럴 때는 분자만 비교해 보면 됩니다. 다섯 개 중 한 개보다 다섯 개 중 두 개가 더 크므로 당연히 $\frac{2}{5}$가 $\frac{1}{5}$보다 더 큰 분수입니다.

그럼 대분수의 경우엔 어떨까요? $3\frac{1}{5}$과 $1\frac{2}{5}$의 크기를 비교해 볼까요? 진분수와는 달리 대분수는 자연수가 앞에 있으니까 자연수를 먼저 비교해야 합니다. 자연수가 큰 쪽이 더 큰 분수가 되니까 $3\frac{1}{5}$이 $1\frac{2}{5}$보다 더 큰 분수가 되는 것이지요. 만일 $3\frac{2}{5}$와 $3\frac{4}{5}$처럼 자연수가 같은 두 대분수 경우에는 분자가 큰 $3\frac{4}{5}$ 쪽이 더 큰 분수가 되는 거예요.

수학 추리 극장 1

"박사님~! 그러지 말고 하나만 사 주세요!"
"어휴, 정말 내가 괜히 목욕탕에 와서는!"
이곳은 피타고레 박사의 탐정 사무소에서 멀지 않은 한 대중 목욕탕이다. 피타고레 박사는 오랜만에 피로를 풀기 위해 동네 목욕탕을 찾았는데, 그곳에서 우연히 함께 목욕을 하러 온 일원이와 올림이, 야무진을 만나게 되었다. 그런데 늘 배고픈 일원이가 아까부터 삶은 달걀을 사 달라며 피타고레 박사에게 사정을 하는 중이다.
"안 돼! 돈도 얼마 없단 말이야! 목욕 끝난 뒤 내가 마실 커피 값밖에 없다고!"
"그거면 삶은 달걀 사 주실 수 있잖아요! 네? 제발요 박사니임~! 목욕한 후에는 삶은 달걀이 최고라고요."
일원이가 엄지손가락을 치켜들며 삶은 달걀이 최고라고 말하자 옆에 있던 야무진이 말했다.
"무슨 소리야. 목욕하고 난 후엔 시원한 콜라만 한 게 없지."
그러자 이번엔 올림이가 피식 웃으며 말했다.
"너야말로 뭘 모르는구나? 목욕하고 난 후엔 초코 우유야."
"삶은 달걀이야!"
"콜라라니까!"
"초코 우유!"
"이 녀석들, 아직 어려서 커피 맛을 모르는구나. 목욕 후엔 역시 시원한 캔 커피지!"
일원이와 올림이, 야무진의 '목욕 후에 가장 맛있는 것'에 대한 이야기에 끼어

든 피타고레 박사도 함께 아이처럼 떠들기 시작했다.

"아, 거 조용히 좀 합시다! 목욕탕 전세 내셨소! 다 큰 어른이 말이야!"

"히익, 죄, 죄송합니다."

험상궂은 얼굴에다 덩치까지 큰 아저씨가 네 사람을 향해 소리를 버럭 질렀고, 피타고레 박사는 겁에 질려 잔뜩 움츠러들었다.

"음, 좋다 이렇게 하자. 목욕탕의 꽃은 역시 사우나지. 남자답게 사우나에서 가장 오래 버티는 사람만 먹고 싶은 것을 사 주마. 내가 이기면 나 혼자 캔 커피를 사 먹을 거야. 어떠냐?"

피타고레 박사는 정정당당한 것처럼 말했지만 속으로는 회심의 미소를 지었다. 어린아이들이 뜨거운 사우나에서 얼마나 버티겠냐는 계산이 있었다. 하지만 의외의 말이 나왔다.

"문제없어요! 전 어렸을 때 아빠와 자주 사우나에 가곤 했거든요."

"좋아요! 저도 10분 정도는 참을 자신 있어요."

'엥? 이, 이게 아닌데……'

어린 아이들은 사우나에 한 발짝만 들여도 혼비백산하고 뛰쳐나가는 것이 정상인데, 일원이와 올림이, 야무진은 평범한 아이들이 아니었다.

"조, 좋아! 그럼 15분으로 정하자! 그때까지 남아 있는 사람이 지는 거다!"

"윽, 15분이나? 쳇, 좋아요! 두말하기 없기에요!"

아이들은 15분이라는 시간이 조금 부담스러웠지만 사실 그건 피타고레 박사도 마찬가지였다. 네 사람은 그렇게 동시에 사우나 문을 열고 함께 들어갔다. 그런데 보통 사우나 안에는 몇 개의 모래시계가 있는데, 그 사우나 안의 모래시

계는 9분짜리와 12분짜리밖에 없었다. 야무진이 말했다.

"엥? 어쩌죠? 15분짜리 모래시계는 없는 것 같은데요?"

그러자 벌써부터 땀을 줄줄 흘리는 피타고레 박사가 말했다.

"걱정 말거라. 9분짜리와 12분짜리? 그럼 이렇게 해서 요렇게 해서 이렇게 하면 정확히 15분을 측정할 수 있지. 윽, 덥다!"

피타고레 박사는 9분짜리 모래시계와 12분짜리 모래시계 두 개만 가지고 정확하게 15분을 측정하는 방법을 말해 주었다. 그리고 벌어진 뜨거운 남자들의 싸움!

결과는 놀라웠다. 자신만만해했던 야무진은 1분도 안 되서 비명을 지르며 뛰쳐나가 버렸고, 꾹꾹 참던 반올림도 10분을 넘기지 못하고 사우나를 나가 버렸다. 피타고레 박사는 캔 커피에 대한 열망으로 참고 또 참았으나, 먹는 것에 대한 일원이의 불타는 집념이 훨씬 더 강했다. 15분을 불과 몇십 초 남기고 사우

나에서 뛰쳐나간 피타고레 박사는 혀를 내두르며 일원이에게 삶은 달걀을 사주었다. 그런데 피타고레 박사는 어떻게 9분짜리와 12분짜리 모래시계만 가지고 정확히 15분을 측정할 수 있었을까?

- -

해결

12 − 9 + 12 = 15를 이용한다. 9분짜리와 12분짜리 모래시계를 동시에 뒤집고 9분짜리 모래시계가 끝나는 순간 사우나에 들어간다. 그리고 12분짜리 모래시계가 끝날 때까지 기다리면 12 − 9 = 3이므로 3분이 흐르게 된다. 그때 다시 12분짜리 모래시계를 뒤집으면 12분이 더 흐르게 되므로 정확히 15분을 측정할 수 있다.

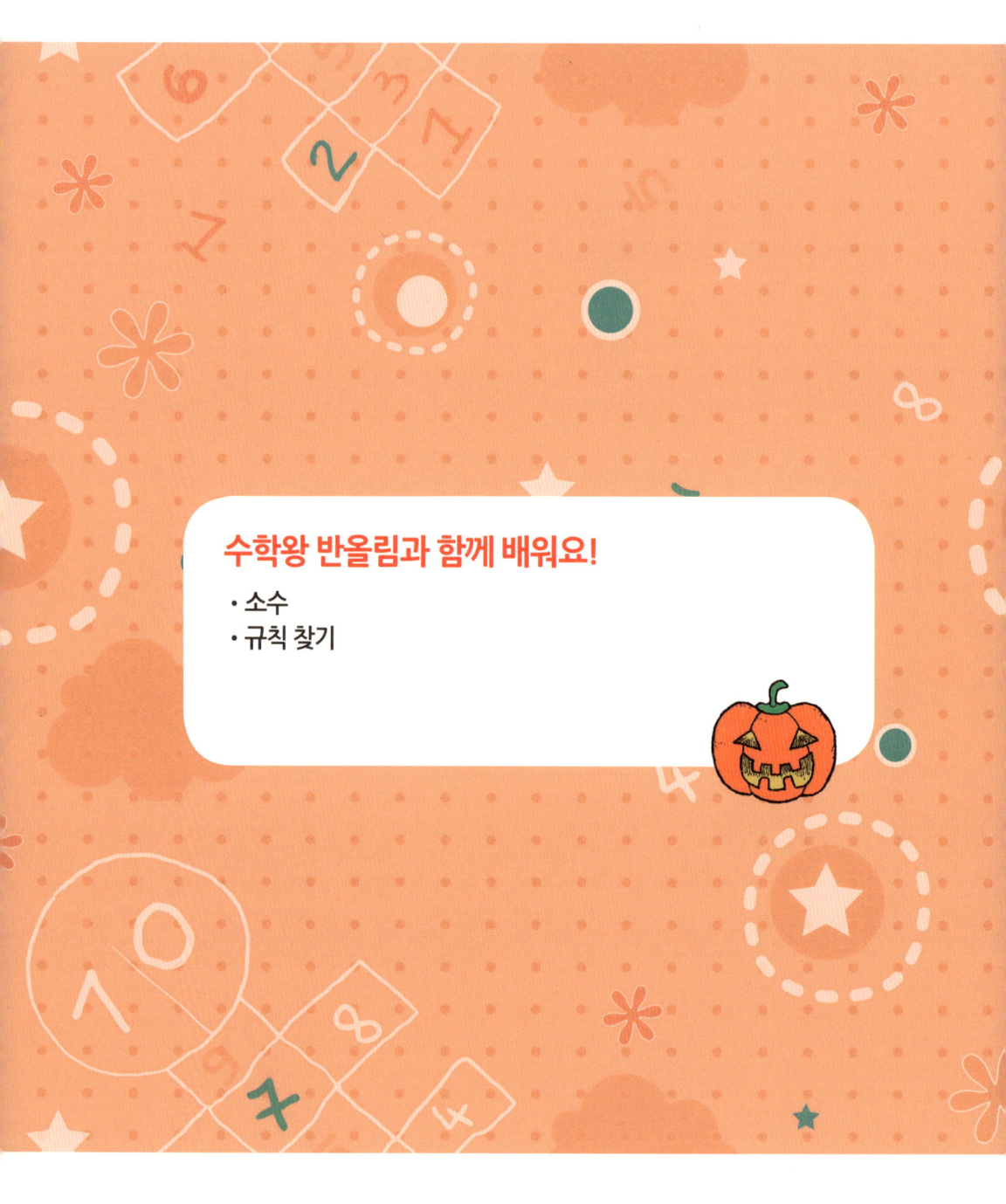

수학왕 반올림과 함께 배워요!
- 소수
- 규칙 찾기

전설의 드래곤

정완상 선생님의 **수학 교실**

"우와~! 깊다."

열린 돌문 안으로 들어온 우리는 그 안의 광경에 입이 떡 벌어졌다. 동굴 안은 온통 돌로 쌓은 성의 모습이었고, 내부의 벽에는 횃불이 걸려 있었다. 그 외에는 별다른 것이 보이지 않았다. 양 옆은 모두 벽으로 막혀 있었고, 오직 앞으로 가는 길만 있었다. 아름이가 말했다.

"그렇지만 드래곤 같은 건 안 보이는데? 문만 열면 잠자고 있는 드래곤을 만나게 될 줄 알았는데……."

"일단 저 앞에 보이는 길을 따라가 보자."

내가 그렇게 말하고 맨 앞에서 발을 내딛는 순간, 우리 등 뒤로 굉음이 들렸다.

콰쾅!

"으앗! 깜짝이야? 뭐, 뭐야?"

"앗! 문이!"

이런! 우리가 열고 들어온 문이 다시 쾅 하고 닫혀 버리고 말았다. 깜짝 놀란 우리는 다시 문으로 돌아가 열어 보려고 시도했지만 문은 꿈쩍도 하지 않았다.

"어, 어떻게 하지? 우, 우리 설마 여기 갇혀 버린 거야?"

야무진이 덜덜 떨며 겁에 질린 목소리로 말했다.

"할 수 없지. 이 길의 끝에 나가는 문이 있길 바라는 수밖에."

"만약에 없으면 어떻게 하려고!? 차라리 여기서 어떻게든 문을 열어 보자. 나, 난 이런 데서 죽고 싶지 않아! 흐엉! 엄마!"

야무진이 우는 소리를 하며 계속 징징대자 옆에 있던 아름이까지 덩달아 울음을 터트리려 하는 게 아닌가! 그 모습에 화가 나서 내가 소리쳤다.

"정신 좀 차려! 이러고 있을 시간이 없단 말이야! 이것 좀 봐!"

나는 다시 두 시간짜리 모래시계를 꺼내 보여 줬다. 이미 절반의 모래가 내려와 있었다.

"이제 한 시간밖에 남지 않았어. 우리가 여기서 드래곤을 깨우지 못하면, 밖에 있는 늑대인간들은 모두 죽고 말 거야. 늑대인간들은 우리를 끝까지 믿어 주었는데, 미안하지도 않아?!"

"그, 그래도……."

내가 소리치자 야무진은 금세 풀이 죽어 고개를 숙였다. 여기까지 와서 약해지면 안 된다고! 야무진에게 소리를 지르면서 나는 약해지려는 마음을 다잡았다. 그때 동굴 여기저기를 살피던 알셈이 말했다.

"이봐, 인간들. 싸우고 있을 때가 아냐. 동굴 문이 닫힐 때 밖에는 아무도 없었어. 아무래도 이 드래곤 유적지는 도굴꾼이나 몬스터들로부터 보호하기 위한 함정이 설치되어 있는 것 같아."

"하, 함정?"

"그래. 조심해서 가는 게 좋겠어."

우리는 다시 놀란 마음을 진정시키고 알셈 말대로 조심스럽게 유적지의 안으로 향했다. 횃불만 간간이 걸려 있는 돌로 된 유적지는 왠지 무섭기까지 했다. 그런데 얼마 가지 않아 바닥의 돌에 무언가가 적혀 있는 것을 발견했다.

"어? 이게 뭐지……?"

"응? 뭔데? 어머?"

딸칵.

우우우우우웅.

"비켜!"

카캉!

순식간에 아찔한 상황이 지나갔다. 내가 바닥의 돌에 적혀 있는 글을 발견하자 내 옆에서 걸어가던 아름이가 글이 적힌 돌을 밟았고 동시에 스위치가 켜지는 소리가 들렸다. 그 순간 이후의 일은 추측하건대 어디선가 날아든 화살을 강철 덩어리인 알셈이 몸으로 막아 낸 것 같다.

"세상에……! 아, 알셈! 고, 고마워."

"하여튼, 인간들은 허약하다니까."

"아름아! 괜찮아?"

일원이와 야무진이 주저앉아 있는 아름이에게 다가오려는 것을 본 나는 소리를 빽 질렀다.

"모두 움직이지 마!"

내가 갑자기 소리를 지르자 친구들은 깜짝 놀라 그 자리에 얼음처럼 굳은 채 움직임을 멈췄다.

"왜, 왜 그래, 반올림?"

"함정이야. 움직이지 말고, 이 바닥을 좀 봐."

나는 친구들에게 바닥을 가리키며 말했다. 좁은 유적지의 돌로 된 바닥은 가로로 된 돌과 세로로 된 돌로 이어져 있었다.

"이, 이게 뭐지? 문제인가?"

"잘 봐. 가로로 긴 돌에 적힌 것이 문제, 세로로 긴 돌이 정답이야. 틀린 답의 돌을 밟으면 화살이 날아오는 것 같아."

내 말에 피타고레 박사님도 바닥을 신중하게 살피시며 말했다.

"그래. 소수의 곱셈 문제구나. 1.585 × 100의 답에 해당하는 돌바닥을 밟아야 안전하게 건널 수 있을 것 같다. 모르고 밟긴 했지만 아름이가 밟은 건 틀린 답이야."

"그런데 박사님, 소수의 곱셈도 잘 모르겠지만, 정답 중 어떤 것이 큰 수이고 어떤 것이 작은 수인지도 모르겠어요."

일원이의 말에 박사님은 조심스럽게 내가 있는 문제가 적힌 발판으로 다가오셔서 말씀하셨다.

"으음. 소수도 자연수와 마찬가지로 높은 자리부터 비교하면 된단다. 다만 소수의 크기 비교는 소수점을 기준으로 나누어 비교하면 좀 더 편리하지. 소수점을 기준으로 왼쪽의 수인 자연수 부분을 먼저 비교한 다음, 소수점을 기준으로 오른쪽으로 내려가면서 차례로 비교하면 되지."

박사님의 명쾌한 설명에 내가 보충해서 이야기해 주었다.

"그러니까 이 중에서 큰 순서대로 나열하면 1585, 158.5, 15.85, 0.1585가 되는 거야."

일원이와 다른 친구들도 이제야 이해한 표정이다.

"그렇구나. 그럼 1.585 × 100은……."

"소수의 곱셈에서 10, 100, 1000과 같은 수를 곱할 땐 곱하는 수의 0의 개수만큼 소수점을 오른쪽으로 이동하면 쉬워. 1.585에서 소수점을 오른쪽으로 두 번 이동하면 158.5가 돼."

"아하! 그럼 이 158.5라고 적힌 바닥이 정답이구나!"

"혹시 모르니 내가 먼저 밟아 보도록 하지."

알셈이 바퀴를 돌돌 굴려 158.5라고 적힌 돌바닥을 밟았지만 아무것도 날아오는 건 없었다. 우리는 가슴을 쓸어내리며 조심스럽게 일렬로 그 좁은 돌바닥을 걸어 앞으로 나갔다. 하지만 금세 또 다른 돌바닥이 나타났다.

"다들 조심해. 또 문제가 나타났어."

"어디 보자."

우리는 또다시 나타난 가로 돌바닥의 문제를 살폈다. 이번 돌바닥에는 이런 문제가 적혀 있었다.

$1.5 \times \dfrac{1}{100}$

조심스럽게 앞으로 나온 아름이가 세로 돌바닥에 적힌 답들을 말했다.

"올림아, 세로 돌바닥에 적힌 네 개의 답은 각각 15, 0.015, 0.15, 150이야."

"응. 이번엔 소수에 분수를 곱하는 문제야. 이 문제는……."

그때 내 말을 끊고는 야무진이 불쑥 튀어나오며 말했다.

"그 정도는 쉽지. $\dfrac{1}{100}$을 곱하는 거니까 이번에도 소수점을 오른쪽으로 두 번 이동하면 되잖아? 1.5에서 소수점을 오른쪽으로 두 번 이동하면 150이 된단 말씀!"

말만 했으면 참 좋았을 텐데, 야무진은 그 말과 동시에 말릴 새도 없이 150이라고 적힌 돌바닥을 덜컥 밟았다.

"으악! 엎드려 이 바보야!!"

"흐이익? 트, 틀렸어?!"

우리는 깜짝 놀라 제자리에 납작 엎드렸다. 하여튼 도움이 안 된다니까!

"어, 어째서? 뭐야 반올림! 아까 분명 네가 말한 대로 했잖아!"

야무진은 미안한 기색도 없이 오히려 나에게 큰소리를 떵떵 치며 화를 냈다.

"어휴, 정말 말이나 못하면! 이건 분수를 곱하는 거잖아! 분수는 반대로 분모의 0의 수만큼 소수점을 왼쪽으로 이동해서 더 작아진다고! 쉽게 말해 $1.5 \times \frac{1}{100}$은 1.5를 100개로 나눈 것 중 하나를 말하는 거라고! 정답은 0.015야!"

"뭐, 뭐얏? 그, 그, 그런 건 진작 말했어야지!"

"우와, 정말 뻔뻔하네! 네가 말하기도 전에 바닥을 밟았……."

"이봐, 인간들. 그만하고 일어나 봐."

엥? 엎드려서 옥신각신하고 있던 나와 야무진을 한심하게 쳐다보던 알셈이 말했다. 알셈은 처음부터 엎드려 있지도 않았다.

"화살은? 지나간 거야?"

"아니, 아무것도 날아오지 않았어. 뭔가 이상한데?"

"엥? 그럴 리가……."

나와 친구들은 모두 잔뜩 움츠려 조심스럽게 일어났는데, 알셈

말대로 아무것도 날아오거나 위협이 될 만한 것이 보이지 않았다. 그러자 이때다 싶었는지 야무진이 외쳤다.

"뭐, 뭐야? 반올림! 네가 틀렸구나! 내가 답을 맞혔어! 음핫핫핫!"

"어휴, 말이 되는 소리를 해라."

"그럼 뭐야? 이 발판이 정답이니까 아무 일도 안 일어나는 거잖아! 자, 봐!"

그러더니 야무진은 조금 전 자신이 밟은, 오답 150이 적힌 발판을 겁도 없이 여러 번 덜컥덜컥 밟았다. 그때였다.

사각사각. 사각사각.

어디선가 마른 나뭇잎이나 종이가 부딪히는 것 같은 소리가 들려왔다.

"무, 무슨 소리지?"

"엥? 잠깐만, 저쪽에……!"

알셈이 200배나 줌이 된다며 자랑했던 그 렌즈를 길게 쭉 뽑아 우리가 들어왔던 닫힌 문 쪽을 바라보더니 말했다.

"음……. 축하해 야무진. 제대로 한건 했군."

"응? 그, 그렇다면 역시 내가 맞힌 게 정답이란 거야?"

"아니, 그 반대의 의미야. 뛰어! 엄청 큰 전갈이 떼로 몰려온다!"

"뭐어어어어!?"

"꺄아아악!"

얼핏 봐도 개나 고양이만 한 크기의 전갈이 그야말로 떼로 몰려오고 있었다. 우리는 죽을힘을 다해 달렸다. 그러자 전갈들도 속도를 높여 우리 뒤를 쫓았고, 굳이 알셈의 렌즈가 아니더라도 우리 눈에 보일 만큼 거리가 가까워졌다. 전갈들의 다리가 돌바닥에 닿을 때마다 들려오는 그 오싹한 소리가 귓가에서 들리는 것 같았다.

사각! 사가가각! 사각사각! 사가가가가가-!

"흐익, 소름끼쳐! 무슨 전갈이 저렇게 큰 거야! 역시 동굴 안으로 들어오는 게 아니었어!"

"뭐야!? 이게 다 너 때문이잖아!"

야무진과 나는 눈썹이 휘날리게 달리는 와중에도 다시 툭탁거리며 싸웠다.

"그, 그래도 더 이상 문제가 있는 돌바닥은 나타나지 않고 있잖아. 이대로 달리면 출구가 나오지 않을까?"

"드래곤을 찾아야지. 출구를 왜 찾아!"

가만, 그러고 보니 바닥도 보지 않고 아무 생각 없이 앞으로 달리고 있었다. 다행히 돌바닥에 더 이상의 문제는 나타나지 않았지만,

더 큰 장애물이 기다리고 있었다. 길의 끝에 돌로 된 벽이 나타난 것이다. 길이 막혔다!

"으아아악! 말이 씨가 된다더니!"

"너 때문에 정말 못살아!"

"이, 이제 어쩌지? 양옆은 다 벽으로 가로막혀 있는데!"

"잠깐만! 애들아, 저 벽에 뭔가 그려져 있어!"

피타고레 박사님이 우리 정면에 나타난 돌벽을 가리키며 말씀하셨다. 가까이서 보니 벽이 아니라 돌로 된 문이었는데, 마치 스마트폰이나 컴퓨터 키보드에 있을 법한 숫자 패드가 있었다.

"헉헉, 무, 문제다! 문제와 숫자 패드가 있어!"

우리는 문제와 숫자 패드가 적힌 그 돌문 앞에 도착해 숨을 골랐다. 뒤를 돌아보니 겨우 10미터쯤 뒤에 전갈들이 보였다. 내가 턱까지 차오르는 숨을 고르고 있는데 야무진이 내 어깨를 탁탁 두드리며 보챘다.

"헉헉, 빠, 빨리! 반올림! 이번엔 가만히 있을 테니 네가 풀어 봐! 어서!"

"헉헉, 으으, 너 진짜……."

'야무진은 그냥 늑대인간 마을에 두고 오는 게 더 좋지 않았을까'

라는 생각이 들었지만 이미 엎질러진 물이었다.

"에잇! 얘들아! 여긴 나와 알셈이 어떻게든 시간을 벌어 보마. 문을 열 방법을 찾아보렴!"

피타고레 박사님과 알셈은 벽에 걸린 횃불을 뽑아 들었고, 조금 앞으로 나가 전갈들 앞에서 획획 휘둘렀다. 전갈들은 주춤하며 놀라는 모습이었지만 되돌아가진 않았다. 천천히 경계하며 다가오고

있었다. 지체할 시간이 없다! 나는 서둘러 문제를 살폈다.

"12750cm = ☐m? 센티미터를 미터로 나타내는 문제구나."

"빨리! 빨리! 반올림!"

내가 문제를 읽자마자 야무진이 보챘다.

"어휴, 보채지 좀 마! 내가 답을 말해 줄 테니 숫자 패드나 눌러!"

좋아, 차분히 생각해 보자. 100센티미터는 1미터니까 일단 12700 센티미터는 127미터가 된다. 남은 50센티미터는 미터로는 0.50미터가 되는데, 소수점의 끝자리 0은 생략하면 되므로 정답은 127.5미터가 된다.

"127.5야! 어서 눌러!"

"알았어! 우왓, 생각보다 엄청 무거운데?"

돌로 된 숫자 패드는 꽤 묵직해서 나와 야무진, 일원이와 아름이까지 모두 힘을 합쳐 돌을 눌러야 했다. 신기하게도 빈 네모 칸에 우리가 누른 숫자들이 하나씩 파이고 있었다. 그렇게 낑낑대며 정답 127.5를 입력하자 문이 천천히 옆으로 회전하기 시작했다.

"알셈! 박사님! 문을 열었어요! 서두르세요!"

"으다다다!"

알셈과 피타고레 박사님은 불과 1미터 앞까지 다가온 전갈들에게 손에 든 횃불을 집어던지고는 돌아가며 반쯤 열린 돌문 사이로 재빨리 들어왔다. 그와 동시에 회전문은 원래 위치로 돌아가 닫혔다. 다행히 전갈들은 한 마리도 들어오지 못했다.

"헉헉, 죽는 줄 알았다."

"정말 아슬아슬했어요. 엇?"

우리는 넘어온 돌문 앞에 주저앉아 있었는데, 바로 앞에 뭔가 동상 같은 것이 보였다. 나와 아름이는 벽에 걸린 횃불 하나를 들어 가까이 다가갔다. 그 동상을 들여다본 우리는 소스라치게 놀랐다. 그것은 새끼 드래곤의 동상이었는데 동상의 주인이 낯이 익었기 때문이다. 한눈에 그 녀석을 알아본 아름이가 외쳤다.

"세상에! 이건! 용용이잖아?!"

믿을 수가 없었다. 전설 속의 드래곤이 용용이라니? 참고로 용용이는 예전에 드레이크의 배에 타고 있던 나쁜 몬스터들이 미카엘의 유령선에 잠입했을 때 우리의 도움을 받아 배 안의 나쁜 몬스터들을 몽땅 소탕했다. 하지만 미카엘도, 숯자벨 여사도 그런 몬스터는 배에 없다고 말해 어리둥절했는데, 그 용용이를 이곳에서 보게 되다니!

"이 드래곤에 대해서는 아름이에게 들었다. 용용이라는 이름도 아름이가 지어 줬다며?"

피타고레 박사님은 그때 알셈을 수리하느라 용용이를 만나지는 못했다.

"맞아요, 삼촌. 아주 작고 귀여운 하얀 드래곤이에요. 왜 이 아이가 여기서 동상이 되어 있는 거지?"

아름이와 내가 용용이의 석상을 쓰다듬으며 이리저리 살피고 있을 때 동상의 뒤쪽을 둘러보던 알셈이 다가와 말했다.

"확실한 건, 이 녀석이 전설 속의 드래곤인 건 틀림없는 것 같아.

이 뒤에는 길도, 문도 없어. 여기가 이 드래곤 유적지의 끝인 게 분명해."

"그럼 우리가 이 녀석을 깨워야 하는 건가?"

"그런데 어떻게?"

"……."

우리 중 누구도 대답하지 못했다. 레오니다스와 늑대인간 장로가 시키는 대로 드래곤 유적지에 도착해 드래곤의 동상 앞에 섰지만 깨우는 법은 듣지 못했다! 하기야 어떻게 깨워야 하는지는 그들도 몰랐을 것이다.

"용용아, 용용아? 일어나 봐! 아름이 누나야!"

"굿모닝, 드래곤?"

"용용아! 학교 갈 시간이야."

우리는 저마다 말도 걸어 보고 두드려도 보고 심지어 야무진은 스마트폰의 알람 소리를 들려주는 어처구니없는 행동도 했지만 용용이 동상은 아무런 반응이 없었다.

"여기도 뭔가 문제 같은 게 있지 않을까? 유적지의 문이나 돌바닥, 방금 전의 돌문처럼 말이야."

"앗, 그러네. 여기저기 잘 찾아보자."

알셈의 말에 우리는 동상 아래의 받침대를 포함해 여기저기 살펴보았다.

"앗, 애들아, 찾았어! 엥? 그런데 수학 문제가 아닌데?"

"어디 좀 봐. 응? 영어네?"

일원이가 발견한 동상 아래 받침대에는 이런 영어가 새겨져 있었다.

[Raphael]

일원이는 힘쓰는 일에, 나와 박사님은 수학에, 아름이는 역사에, 야무진은 전자 제품에 저마다 강했지만 하나같이 영어에는 약했다. 하지만 우리에겐 로봇 알셈이 있지!

"알셈, 넌 읽을 수 있지?"

"물론이지. 난 영어 사전 기능도 있거든. 이게 너희들이 용용이라고 부르는 이 드래곤의 진짜 이름인가 본데? 라.파.엘."

콰드드드득!

"우와아앗?"

마치 천둥이 치는 것 같은 소리가 유적지 전체에 울려 퍼졌고, 천장의 돌들이 흔들리며 돌가루가 떨어졌다. 바닥도 마치 지진이 난 것처럼 덜덜거리며 흔들렸다. 깜짝 놀란 우리는 화살을 피할 때처럼 바닥에 납작 엎드려 잔뜩 몸을 움츠렸다. 그런데 엎드려 있는 내 목덜미에 물방울이 떨어지는 게 느껴졌다.

"앗, 차거! 어? 어어어어어?!"

이건 또 무슨 일이람. 천장에 있던 거대한 돌들 사이로 물이 떨어지고 있었다. 한두 방울씩 떨어지더니 물줄기가 점점 거세져 마치 장맛비처럼 떨어지다가 이내 폭포수처럼 쏟아져 순식간에 우리와 용용이의 동상이 있는 작은 방을 빠르게 채워 갔다. 빠른 속도로 차오르는 물에 너무 놀란 우리는 어쩔 줄을 몰라 발만 동동 굴렀다.

"이, 이게 뭐야! 알셈, 어떻게 된 거야? 함정인가?"

"무슨 소리야! 난 그냥 라파엘이라는 영어를 읽은 것뿐이라고!"

콰콰콰콰콰!

"히이이익! 점점 더 많이 내려오고 있어! 이러다간 빠져 죽고 말 거야!"

"자, 잠깐만! 올림아! 천장을 봐! 저기 뭔가가 나타났어!"

아름이의 외침에 올려다본 천장엔 놀랍게도 마치 네온사인처럼 수학식이 나타나 있었다.

"가만, 그냥 덧셈인가? 1 + 3 = 4이고……."

내가 여기까지 말했을 뿐인데, 천장의 수학식 중 1 + 3 = □의 네

모 칸 안에 4라는 빛의 숫자가 나타났다. 아름이도 그것을 발견하고 외쳤다.

"올림아, 말을 하면 저절로 숫자가 생기고 있어! 마지막 문제까지 모두 풀면 멈출 수 있을 지도 몰라!"

"으악, 알셈은 방수가 안 되는데……. 올림아, 부탁한다!"

피타고레 박사님은 양팔로 무거운 알셈을 번쩍 들어 올려 물이 들어가지 않게 하느라 천장을 살펴보시지 못했다.

"아, 알았어요! 으음, 1 + 3 + 5 = 9이고! 1 + 3 + 5 + 7은…… 16!"

나름대로 빠르게 계산했는데, 물이 차오르는 속도는 그것보다 훨씬 빨랐다. 생각보다 드래곤의 석상이 있는 방 안은 좁았고, 물은 어느새 우리 가슴 높이를 지나 턱밑에까지 차오르고 있었다.

"오, 올림아! 서둘러!"

"아, 알았어!"

내가 맨 아래에 있는 긴 식을 암산으로 계산하고 있는 동안에도 물은 점점 더 빠른 속도로 차올랐다. 친구들은 모두 드래곤 석상의 좁은 받침대를 밟고 올라 턱을 쭉 빼고 있었다. 나도 똑같은 자세로 문제를 풀고 있었지만 도저히 집중이 되지 않았다.

"그, 그러니까 1 + 3 + 5 + 7 + 9 + 11 + 13 + 15 + 17은…… 아! 16

까지 계산해 두었지?

그럼 16 + 9 + 11 + 13 + 15 + 17이니까, 우선 16 + 9 = 25이고, 우웁!?"

천장을 보고 암산으로 계산을 하던 나는 그만 발을 헛디더 동상의 받침대 아래에서 미끄러져 물속으로 빠지고 말았다.

"올림아!"

"올림아! 내 손 잡아! 어서! 꺄악?"

"어푸어푸!"

받침대 위에 선 아름이와 일원이가 동상을 붙잡은 채 내게 손을 내밀다가 친구들도 모두 물에 빠지고 말았다. 야속하게도 물은 계속 쏟아지고 있었다. 나는 동상에 발을 딛고 중심을 잡으며 머릿속으로는 계속 계산하고 있었다.

콸콸콸!

하지만 아직 절반도 계산하지 못했다. 아무리 그래도 이건 너무 빠르잖아! 문제 풀 시간은 줘야 되는 거 아냐!? 그때 키가 큰 피타고레 박사님께서 턱까지 차오른 물 위로 입을 쭉 빼시고 외치셨다.

"올림아, 잠깐만! 이건 그냥 계산식이 아니야, 규칙 찾기다! 문제나 답들이 어떤 규칙을 갖고 있는지 찾아봐! 우움!"

그 말과 함께 박사님도 잠수하는 신세가 되어 양팔에 알셈을 번쩍 들고 계셨다. 나는 수면 위에서 첨벙거리며 박사님의 말을 놓치지 않았다. 문제와 답에 규칙이 있다?

가만, 그러고 보니 이 문제들, 1 + 3 + 5처럼 홀수만을 차례로 더하고 있다. 그리고 답은 1, 4, 9, 16……? 알았다! 홀수들의 합에 대한 공식엔 규칙이 있어! 첫 번째 답인 1은 1×1이고, 두 번째 답인 4는 2×2, 9는 3×3, 16은 4×4다! 이 규칙대로라면 일일이 더하지 않아도 답을 알아낼 수 있다! 나는 첨벙거리며 헤엄을 쳐 간신히 물 위로 올라와 마지막 문제를 다시 한 번 살펴보았다. 덧셈 기호를 빼고 더하는 수가 총 몇 개인지만 세면 된다!

$1 = 1 \times 1$

$1 + 3 = 2 \times 2$

$1 + 3 + 5 = 3 \times 3$

$1 + 3 + 5 + 7 = 4 \times 4$

"우웁! 어푸어푸! 1, 3, 5, 7, 9, 11, 13, 15, 17. 총 아홉 개! 우웁! 그럼 9×9니까 답은 81!"

콰콰콰콰콰!

　내가 말함과 동시에 마지막 네모 칸에 81이라는 숫자가 나타나더니 이내 사라졌고, 갑자기 나타난 바닥의 틈 사이로 천장에서 쏟아진 물이 급격하게 빠지고 있었다. 동시에 천장에서 내려온 물도 멈춰 우리는 천천히 물에서 바닥으로 내려올 수 있었다.

　"콜록, 콜록! 다, 다들 괜찮아?"

　"켁켁! 으응! 괜찮아!"

　"으으, 우리야말로 살수 대첩을 몸으로 체험할 뻔했어."

　다행히 조금씩 물을 먹긴 했지만 크게 다친 사람은 없었다. 바닥의 틈을 제외하면 방은 전혀 달라진 점이 없었다. 나는 문득 옷 속에 넣어 두었던 모래시계를 꺼내 보았다. 이럴 수가! 모래시계 위쪽의 모래는 고작 $\frac{1}{10}$도 남아 있지 않았다.

　"이, 이제 어떻게 하지?"

　"어? 올림아! 저기 좀 봐!"

　투툭, 투두둑.

　놀라운 일이 벌어졌다. 용용이의 동상에 금이 가기 시작했다. 동상은 점점 빠른 속도로 금이 가더니 안에서 눈부신 빛이 뿜어져 나왔다. 우리는 그 빛 때문에 눈을 감을 수밖에 없었다. 엄청난 소리와 함께 땅이 또 한 번 흔들렸다. 우리가 정신을 차리고 간신히 눈을 떴을 때 눈앞에는 놀라운 광경이 펼쳐져 있었다. 유적지의 천장이 뚫려 눈부신 햇살이 우리를 비추었고, 그 햇살을 등지고 서 있는 거대한 드래곤의 모습이 보였다.

"여러분, 결국 해내셨군요."

"너, 넌!? 너, 용용이 맞니?"

놀란 아름이가 천천히 일어나서 용용이, 아니 라파엘에게 다가갔다.

"하하하. 그 이름도 감사합니다만, 제 이름은 라파엘. 여러분이 제 이름을 불러 이곳에서 깨워 주셨지요. 전 지금 드래곤의 모습이지만 원래는 수학 대천사였습니다. 여러분이 잘 알고 있는 미카엘과는 과거에 친구이자 동료였던 사이입니다."

이럴 수가! 이 드래곤이 미카엘과 같은 수학 대천사였다니! 드래곤은 계속해서 말을 이었는데, 하나같이 입을 쩍 벌리고 멍하니 들을 만큼 놀라운 이야기였다.

"반올림 군, 궁금한 것이 있으셨지요? 현대에 나타난 할아버지, 중세에 나타난 흑기사 그리고 미카엘도 몰랐던 유령선 안의 새끼

드래곤, 그 모두가 바로 저였습니다. 저는 미카엘 모르게 그를 돕기 위해 수학 세계에서 내려왔지요. 그리고 미카엘 근처에 있다가 여러분을 알게 되었습니다. 그때부터 여러분이 위험에 처할 때마다 혹은 조언이 필요할 때마다 모습을 바꿔 여러분 앞에 나타났던 겁니다."

"그럴 수가! 그, 그럼 늑대인간의 전설은 어떻게 된 것이죠? 오래 전부터 이곳에 있던 게 아닌가요? 불과 얼마 전에 새끼 드래곤의 모습으로 저희와 배에서 만났잖아요?"

"물론 늑대인간들의 전설은 사실입니다. 미카엘이 천사 세계에서 추방되던 아주 오래전에 저도 그를 돕기 위해 지상으로 내려왔지요. 마왕 루시퍼의 위협이 있기 전까지는 제가 그를 도울 일이 없어 저 역시 오래전부터 이곳에 잠들어 있었습니다. 아마 늑대인간의 오랜 조상이 그 당시 저를 발견하고 미래를 예견하여 그러한 전설을 이야기한 것 같군요."

"아! 그럼 최근에 나타나신 이유가?"

"맞습니다. 최근에 여러 차례 루시퍼의 위협이 있어 잠깐씩 이곳에서 빠져나가 몰래 미카엘을 돕곤 했지요. 이번에 제가 처음부터 여러분을 돕지 않은 것은, 미카엘이 선택한 여러분이 어느 정도인

지 직접 보고 싶었기 때문입니다. 저는 이곳에서 잠들어 있으면서도 모두 지켜보았습니다. 늑대인간들과 함께 칭기즈 칸에 맞서 싸운 여러분의 용기와 지혜 그리고 이곳에서 저를 깨우기까지의 여정들……. 역시 미카엘의 판단은 틀리지 않았군요."

라파엘은 미소 띤 얼굴로 온화하고 따뜻한 목소리로 우릴 치하했다. 조금은 퉁명스럽고 거친 미카엘과는 또 다른 느낌의 수학 천사였다. 지금까지 미카엘 모르게 우릴 돕고 있었다니 정말 고마운……. 앗! 감상에 젖어 있을 때가 아니지! 난 라파엘에게 모래시계를 내밀었다.

"라, 라파엘! 그보다 지금……."

이런! 이제 막 남은 한 줌의 모래가 툭 하고 모두 떨어졌다. 칭기즈 칸이 예고한 2시간이 경과했다!

"아, 알고 있습니다. 걱정 마십시오. 저는 미카엘과 다르게 힘을 사용하는 데는 지장이 없으니까요. 뒤쪽의 바위를 부숴 두었으니 그쪽을 통해 마을로 오십시오. 몽골군은 제가 맡겠습니다."

그렇게 말하고 라파엘은 거대한 날개를 펼쳐 뚫린 유적지의 천장을 통해 하늘 높이 날아올랐다. 아래에서 올려다보니 정말 거대한 모습이었다. 우리는 서둘러 유적지에서 빠져나왔다.

"저기! 마을이 보인다!"

유적지의 끝은 높은 언덕이어서 늑대인간의 마을과 바다까지 한눈에 내려다보였다. 예상대로 전투가 시작되기 직전이었다. 레오니다스와 늑대인간들은 비장한 모습으로 마을에서 해안가를 향해 달려들고 있었고 배에서 모두 내린 몽골군 역시 함성을 지르며 늑대인간들의 마을로 달려들고 있었다. 바로 그 순간!

쿠하아아아아!!

하늘에서 날아온 거대한 드래곤 라파엘이 입에서 불을 뿜었고, 그 불은 섬의 서쪽을 온통 뒤덮고 있던 몽골군의 배를 한순간에 불태워 잿더미로 만들어 버렸다.

"드, 드래곤이다! 드래곤께서 오셨다! 전설이 사실이었어! 반올림과 전사들이 우리를 구원했다!"

레오니다스가 소리 높여 환호성을 질렀고, 거대한 드래곤의 어마어마한 위력에 몽골군은 혼비백산해 도망쳤다.

"두려워 말라! 물러서지 마라!"

화가 난 칭기즈 칸이 라파엘을 향해 화살을 쏘고 창을 던지기도

했지만, 그 어떤 무기도 라파엘의 몸에 닿는 순간 부러져 버려 비늘에 흠집 하나 내지 못했다. 라파엘은 몽골군을 해치지는 않고 도망치는 그들의 머리 위에 불을 뿜으며 위협했다. 완전히 사기가 꺾인 몽골군은 불타 버린 배를 두고 바다를 헤엄쳐 섬에서 빠져나갔다.

"와아! 라파엘 만세!"

"다들 무사하겠지?"

"레오니다스!"

"오! 전설이 이루어졌다!"

우리도 환호하며 빠르게 마을을 향해 뛰어 내려갔고, 우리를 마중 나온 레오니다스와 늑대인간들은 감격의 눈물을 흘렸다. 아, 정말 가슴 뭉클한 순간이 아닐 수 없었다.

그렇게 모든 상황이 정리된 후 레오니다스는 깊은 감사와 함께 온갖 금은보화와 맛좋은 음식들을 제공했지만, 나는 그저 배만 수리할 수 있으면 된다며 한사코 거절했다. 물론 야무진은 보석을, 일원이는 음식을 탐내긴 했지만 말이다. 유령선 수리는 일사천리로 마무리되었다. 이제 그간 정들었던 레오니다스와 작별 인사를 나눌 차례였다.

"내 평생 오늘을 잊지 못할 것이네. 이렇게 보내야 한다니 정말 아쉽군. 언제라도 좋으니 우리 섬에 놀러 오게. 자네들이라면 언제든지 환영이야. 그리고 다시 한 번 우리 종족을 대표해 진심으로 고마움을 전하고 싶어."

"저희야말로 감사해요. 덕분에 저희가 살던 세계로 갈 수 있게 되었으니까요."

그렇게 작별 인사를 나누고 말끔하게 수리된 유령선 앞에 도착한 우리는 그곳에서 다시 새끼 드래곤의 모습으로 돌아간 라파엘을 만날 수 있었다. 미카엘은 한눈에 라파엘을 알아보았고, 그간의 이야기를 듣고 우리 못지않게 놀라는 눈치였다.

"음, 그랬군. 나 때문에 수학 세계에서 내려오다니……. 뭐라 말해야 할지 모르겠군, 라파엘. 아무튼 진심으로 고맙고 미안하게 생각한다."

"아니에요, 미카엘. 지금부터는 저도 미카엘과 동행하며 루시퍼와 함께 맞서 싸우도록 하겠습니다. 물론 당신이 선택한 용감한 친구들을 무사히 집으로 보내 준 다음에 말이지요."

라파엘은 그렇게 말하며 우리를 돌아보고 미소 지었다. 그 모습에 아름이가 라파엘을 덥석 품에 끌어안으며 말했다.

"헤헤, 용용, 아니 라파엘 님. 새끼 드래곤일 때는 이렇게 안고 있어도 되지요?"

"예엣? 그, 그래도 그건 좀……. 아하하하."

새끼 드래곤일 때는 여전히 귀여운 라파엘이 아름이는 정말 좋은가 보다. 물론 내 옆에 서 있던 야무진은 그 모습을 보고 이를 바득바득 갈았다.

"으으. 저 파충류가 감히 아름이의 품에……."

"파충류라니! 아까 못 봤어? 그러다 인간 숯이 될 수 있어, 야무진."

알셈이 건넨 농담에 모두가 큰소리로 웃었다. 오랜만에 근심 걱정 없이 환하게 웃는 순간이었다. 하지만 기쁨도 잠시, 이윽고 미카엘로부터 청천벽력 같은 소식을 듣고야 말았다.

"음, 정말 고생 많았다. 분위기 좋은 와중에 미안하지만……. 반올림, 아무래도 너희가 당장 집에 돌아갈 수는 없을 것 같다."

"네에?! 그, 그게 무슨! 배는 완전히 수리됐잖아요?"

"그래. 배는 수리됐지. 이제 바다를 항해하거나 하늘을 날아다닐 수 있다. 하지만 시간 여행은 여전히 불가능해. 수리를 하면서 발견했는데, 루시퍼의 공격을 받을 때 시간 여행을 가능하게 하는 마법 아이템인 '매스 크리스털'이 파괴되고 말았다."

"말도 안 돼! 그, 그건 수리할 수 없는 거예요?"

"안타깝게도 그렇다. 그건 수학 세계의 보물이어서 쉽게 구할 수가 없거든. 지금의 시대는 네가 본대로 칭기즈 칸이 사는 시대다. 당장은 너희가 살던 현대로 갈 수가 없겠어."

"그럴 수가……."

방금 전까지만 해도 웃고 떠들던 우리는 모두 망연자실해 주저앉고 말았다. 사실 레오니다스와 함께 목숨을 건 전쟁에 참여한 것도 어찌 보면 우리가 원래 살던 세계로 돌아가기 위해서였는데 이런 일이 벌어지다니……. 라파엘이 우리를 위로해 주며 말했다.

"일단 배 안으로 들어가시죠, 여러분. 저도 뾰족한 방법이 있는 건 아니지만, 미카엘과 이 상황을 해결할 방법을 찾기 위해 이야기해 보겠습니다."

우리는 라파엘을 따라 다시 유령선 안으로 들어갔다. 한 가지 다행인 것은 라파엘이 가진 마력으로 우리의 마법 아이템이 다시 제 기능을 찾을 수 있게 되었다는 점이다. 하지만 그의 힘으로도 한 번 파괴된 매스 크리스털은 도저히 복구할 수 없단다. 이제 우리는 어떻게 되는 걸까? 원래의 세계로 돌아갈 방법은 정말 없는 걸까?

〈다음 권에 계속〉

와구와구 수학 랜드 2

여러분, 본문 속에 녹아 있는 소수와 규칙 찾기에 대해서 더욱 자세히 알아볼까요?

1 소수에 10, 100, 1000을 곱하면?

3학년 때 배운 소수를 기억하고 있나요? 소수란 일의 자리보다 작은 자릿값을 가진 수예요. 0.1, 0.2, 0.3, 0.4, ……와 같은 수를 소수라고 한다는 것, 잊지 않았지요? 이 소수에 10, 100, 1000을 곱하면 어떻게 될까요? 쉽게 생각해 봅시다.

0.1에 10을 곱한다는 것은, 1을 10개로 나눈 것이 10개 있다는 뜻이죠? 그러니까 답은 0.1 × 10 = 1이 돼요. 앗, 소수점이 사라졌네요! 0.1에 있던 소수점이 한 칸 오른쪽으로 이동해 1.0이 된 것이에요. 다만 소수점의 끝자리 0은 생략하므로 1이라는 수가 된 것이지요. 이렇듯 소수에 10, 100, 1000과 같은 수를 곱할 때는 이렇게 곱하는 수의 0의 개수만큼 소수점이 한 칸씩 오른쪽으로 이동한다는 것을 기억하면 어렵지 않습니다. 0.1 × 100 = 10이고, 0.1 × 1000 = 100이 되는 것이지요. 아래의 문제를 봅시다.

$$1.585 \times 10 = 15.85$$
$$1.585 \times 100 = 158.5$$

어때요? 곱하는 수의 0의 개수만큼 오른쪽으로 한 칸, 두 칸씩 이동했지요? 그렇다면 1.585 × 1000은 뭘까요? 1000에는 0이 3개니까 1.585의 소수점을 오른쪽으로 세 칸 이동시키면? 1585.0이 되겠네요. 소수점의 끝자리 0은 생략하므로 1.585 × 1000 = 1585가 되는 거예요.

2 소수에 분수를 곱할 때는 어떨까요?

$1.5 \times \dfrac{1}{100} = ?$

야무진이 실수했던 문제네요. 소수에 $\dfrac{1}{10}$, $\dfrac{1}{100}$, $\dfrac{1}{1000}$과 같은 분수를 곱할 때는, 자연수 10, 100, 1000을 곱할 때와는 반대로 소수점이 분모의 0의 개수만큼 왼쪽으로 이동합니다. 소수점의 자릿값이 왼쪽으로 이동하니 당연히 수는 더 작아지겠지요?

쉽게 생각해 봅시다. $\dfrac{1}{100}$은 1을 100개로 나눈 것 중 하나의 크기라는 뜻이지요? 아주 작은 그 크기의 수에 1.5를 곱하게 되는 것이에요. 1.5 × 100 이었다면 0의 개수 두 개만큼 오른쪽으로 이동해 150이 되겠지만, $1.5 \times \dfrac{1}{100}$에서는 분모 100의 0의 개수 2개만큼 왼쪽으로 이동해 0.015가 되는 거예요. 다음 식에서 소수점의 이동을 잘 살펴보세요.

$$4.9 \times \frac{1}{10} = 0.49$$

$$4.9 \times \frac{1}{100} = 0.049$$

$$4.9 \times \frac{1}{1000} = 0.0049$$

3 여러 가지 규칙 찾기 문제를 풀어 봅시다.

홀수들의 합

올림이가 풀었던 홀수들의 합에 관한 문제에서 규칙을 알아봅시다. 아래의 그림을 잘 보세요.

각각 다른 색깔의 돌이 한 개, 세 개, 다섯 개, 일곱 개씩 쌓이는 모양이네요. 그럼 이 돌들을 나란히 펴서 규칙을 알아볼까요?

보기가 쉽지요? 그럼 다른 색깔의 돌들을 위에서부터 차례로 더해 봅시다. 1 = 1이고, 1 + 3 = 4, 1 + 3 + 5 = 9, 1 + 3 + 5 + 7 = 16이에요. 규칙을 찾았나요? 돌들은 홀수로 더해지고 있고, 답은 한 자리 숫자끼리의 곱과 같네요. 그러니까 홀수들의 합에 대한 공식은 다음과 같아요.

$$1 = 1 \times 1$$
$$1 + 3 = 2 \times 2$$
$$1 + 3 + 5 = 3 \times 3$$
$$1 + 3 + 5 + 7 = 4 \times 4$$

더하는 수가 점점 더 늘어나도 계산하기는 어렵지 않아요. 올림이가 풀었던 계산식을 볼까요?

$$1 + 3 + 5 + 7 + 9 + 11 + 13 + 15 + 17 = ?$$

1부터 차례대로 세어 보면 더해지는 수가 총 아홉 개가 되네요. 그러니까 $1 + 3 + 5 + 7 + 9 + 11 + 13 + 15 + 17 = 9 \times 9 = 81$이라는 것을 알 수 있습니다.

분수와 소수

또 다른 규칙 찾기 문제를 봅시다.

$$1,\ 0.5,\ \frac{1}{3},\ 0.25,\ 0.2,\ \square,\ \cdots\cdots$$

여기서 □ 안에 들어갈 수는 무엇일까요? 우선 나열된 수들을 하나씩 살펴봅시다. 수들이 점점 작아지고 있다는 것이 보이시나요? 그럼 모든 소수를 분수로 나타내 볼까요?

$$1,\ \frac{1}{2},\ \frac{1}{3},\ \frac{1}{4},\ \frac{1}{5},\ \square,\ \cdots\cdots$$

앗! 규칙이 보이네요. 자연수 1은 분수로 고치면 $\frac{1}{1}$이지요? 다시 나열해 볼까요?

$$\frac{1}{1}, \frac{1}{2}, \frac{1}{3}, \frac{1}{4}, \frac{1}{5}, \square, \cdots\cdots$$

분모의 수가 1씩 커지고 있는 규칙이었네요. 그러니 □ 안에 들어갈 수는 $\frac{1}{6}$이라는 것을 알아낼 수 있습니다.

수학 추리 극장 2

띵동띵동

"앗! 왔다 왔어! 네네! 나갑니다!"

피타고레 박사는 초인종 소리에 함박웃음을 지으며 부리나케 문으로 달려 나갔다.

"맛있게 드세요!"

"네, 감사합니다. 으히힛."

초인종을 누른 사람은 다름 아닌 피자 배달부였다. 사실 피타고레 박사는 그동안 탐정 사무소를 하며 벌었던 얼마 안 되는 수입의 대부분을 자칭 조수라 일컫는 일원이의 식비로 지출하고 있었다. 가뜩이나 수입도 없는데 일원이의 엄청난 먹성을 감당하다 보니 정작 피타고레 박사 본인은 제대로 된 한 끼 식사가 힘들었다. 그러던 중 일원이가 사무실에 나오지 않는 날, 큰맘먹고 1인용 피자를 시킨 것이다.

"으으, 정말 작구나. 돈이 없으니 이것밖에 시키지 못하지만……. 그래도 일원이가 없으니 뺏길 염려는 없겠지?"

작지만 김이 모락모락 나는 따끈한 피자를 보자 박사는 군침이 절로 나왔다. 무엇이든 먹을 때마다 한 입만 달라며 몽땅 먹어치우는 일원이 때문에 라면을 끓여도 매일 국물만 마셔야 했던 피타고레 박사였다. 다시 한 번 주위를 둘러보고는 아무도 없다는 것에 안도의 한숨을 내쉰 피타고레 박사가 입을 크게 벌려 조그만 피자를 통째로 입에 넣으려는 그 순간!

"박사님! 저 왔어요! 어? 이게 무슨 냄새지?"

"으아아악!"

여느 때처럼 문을 박차고 들어선 사람은 다름 아닌 일원이었다.

"앗! 뭐야! 피자잖아요! 박사님, 설마 혼자 드시려던 거예요?!"

"너, 넌 정말 귀신이냐 사람이냐! 어떻게 매번 내가 먹을 때마다 나타나니?"

"아이참, 늘 말씀 드리잖아요. 우연히 타이밍이 좋았을 뿐이라니까요. 자, 그러지 말고 저도 한 입만 주세요. 헤헤."

"또! 또 나왔다 그놈의 한입만! 네가 지금까지 한입만 먹겠다며 내가 먹던 걸 몽땅 먹어치운 적이 몇 번인 줄 알아!"

"쳇, 알았어요! 안 먹으면 되잖아요! 크기도 작아서 한 입거리밖에 안 되겠네."

박사가 버럭 화를 내자 일원이는 입을 쭉 내밀고 삐진 얼굴로 투덜거렸다. 박사는 괜히 별것도 아닌 걸 가지고 어린아이한테 화를 낸 것 같아서 조금 무안했지만 지금까지 일원이의 행적을 감안하면 너무한 것은 일원이었다. 그렇게 생각하며 다시 입을 크게 벌리고 피자를 입에 넣으려는데, 일원이의 얼굴이 눈에 들어왔다. 일원이는 마치 강아지처럼 침을 뚝뚝 흘리며 그 조그만 피자를 바라보고 있었다. 박사는 눈을 질끈 감고서 피자를 내려놓았다.

"후……. 좋아, 이렇게 하자. 내가 문제를 하나 내지. 네가 자신 있어 하는 먹는 문제야. 어떠니?"

"우왓! 좋아요! 그럼 혹시, 그 문제를 맞히면……."

"우선 내 말을 듣거라. 이 작은 피자는 잘라 먹을 것도 없지만 커다란 피자라고 생각하고 이 피자를 네 번 칼질했을 경우 만들어 낼 수 있는 가장 많은 조각의 개수를 구해 보거라."

"네 번 칼질해서요? 음, 좋아요! 몇 개를 만들면 되죠?"

"그건 너 하기 나름이지. 넌 종이에 그림으로 그려 봐. 난 직접 이 피자를 자르지. 만일 내가 너보다 많은 조각을 만들어 내면 내가 자른 조각 중 가장 작은 조각만 너에게 주마. 반대로 네가 나보다 많은 조각을 만들어 내면 네가 자른 조각 중 가장 작은 조각만 내가 먹게."

"오케이! 이해했어요! 자, 그럼 이렇게 피자를 그리고!"

일원이는 먹는 문제라면 깊게 생각하지 않고 무작정 문제를 풀기 시작하는 단점이 있었다. 역시 일원이는 종이에 동그라미를 그리고 네 번 칼질한 직선을 아무렇게나 이리저리 그렸다. 총 아홉 조각이 나오게 되었다. 일원이가 박사에게 그림을 가리키며 말했다.

"어때요? 네 번 칼질로 아홉 조각이 나왔어요. 제가 이겼지요? 히히. 제가 그린 그림 중 가장 작은 이 조각이 박사님 것이 되겠네요."

"그럴 리가. 이걸 보겠니?"

박사는 씩 웃으며 잘라 둔 피자를 보여 주었다. 놀랍게도 열한 조각이나 나왔고, 틀림없이 네 번 칼질을 했다. 안 그래도 작은 1인용 피자의 열한 조각 중 가장 작은 조각은 정말이지 손톱만 한 크기였다. 일원이는 손톱만 한 크기의 피자 조각을 들고 울상을 지었다. 이제 더 이상 미안한 마음이 없어진 피타고레 박사는 회심의 미소를 지으며 조그만 피자를 통째로 입에 넣어 무사히 한 끼 식사를 해결할 수 있었다. 과연 박사는 어떻게 칼질 네 번 만에 피자 열한 조각을 만들어 낼 수 있을까?

해결

직선이 교차하면서 발생하는 조각을 최대한 많이 만들어 보자. 한 번 칼질하면 두 조각, 두 번 칼질하면 네 조각, 세 번 칼질하면 일곱 조각, 네 번 칼질하면 열한 조각이 나오게 된다.

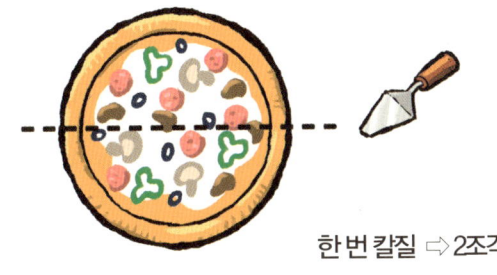

한번 칼질 ⇨ 2조각

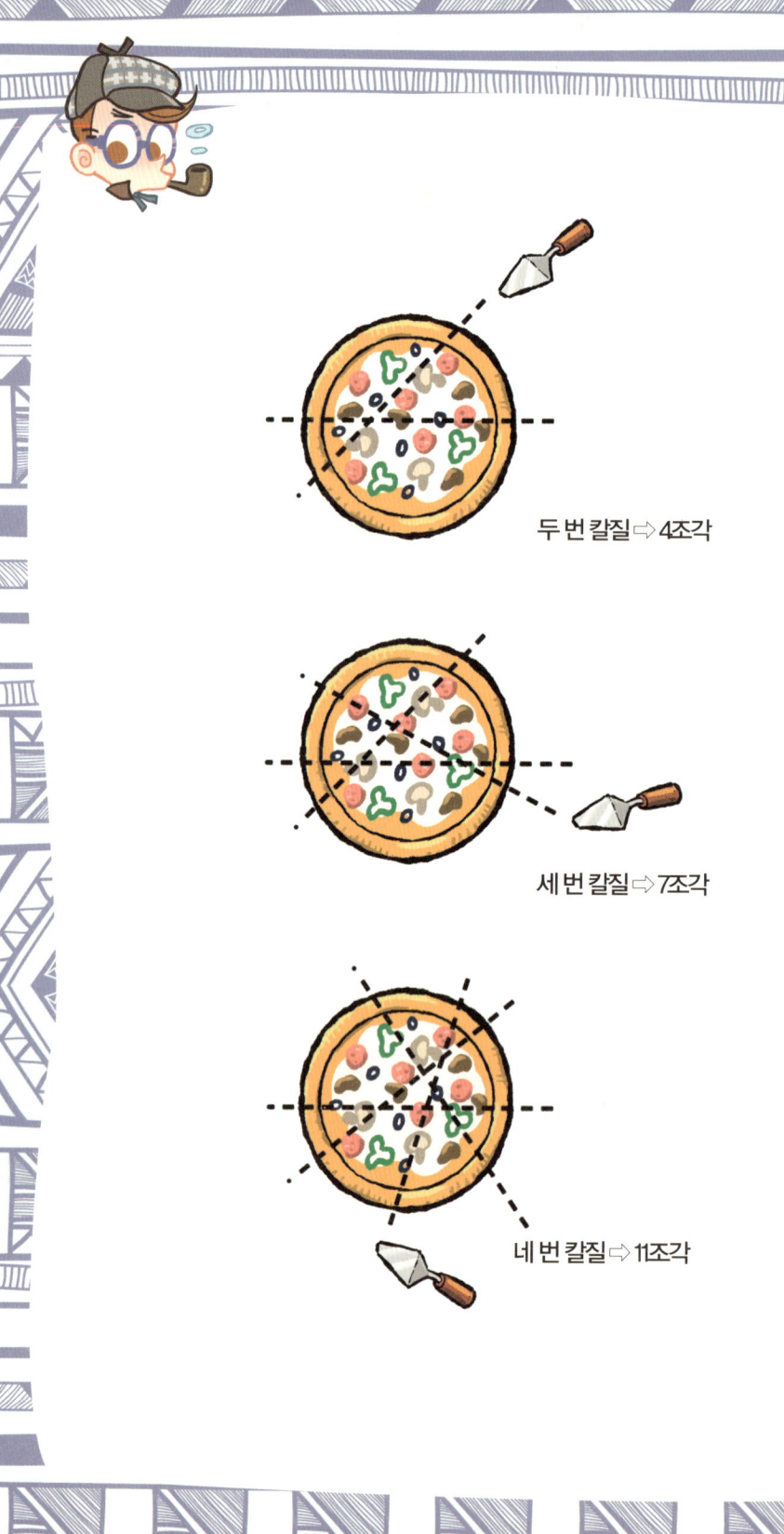